规模羊场批次化繁控技术

敦伟涛　孙洪新　刘　月　编著

全书共分为八章，内容包括规模羊场批次化繁控技术的目的及意义、生殖激素及其生理功能、母羊发情及发情调控、人工输精技术、母羊妊娠及诊断技术、规模羊场批次化繁控模式的应用、规模羊场繁殖工作管理及规模羊场繁殖疾病防治。

本书内容实用、通俗易懂，可供广大养羊专业技术人员和养羊专业户参考使用，也可作为畜牧兽医工作者、羊场管理人员及农林院校相关专业师生的参考用书。

图书在版编目（CIP）数据

规模羊场批次化繁控技术/敦伟涛，孙洪新，刘月编著．—北京：机械工业出版社，2022.2

（经典实用技术丛书）

ISBN 978-7-111-69946-0

Ⅰ.①规… Ⅱ.①敦… ②孙… ③刘… Ⅲ.①羊－家畜繁殖 Ⅳ.①S826.3

中国版本图书馆 CIP 数据核字（2021）第 266488 号

机械工业出版社（北京市百万庄大街 22 号 邮政编码 100037）

策划编辑：周晓伟 高 伟 责任编辑：周晓伟 高 伟

责任校对：史静怡 责任印制：张 博

中教科（保定）印刷股份有限公司印刷

2022 年 3 月第 1 版第 1 次印刷

145mm×210mm · 4 印张 · 113 千字

标准书号：ISBN 978-7-111-69946-0

定价：25.00 元

电话服务

客服电话：010-88361066

010-88379833

010-68326294

网络服务

机 工 官 网：www.cmpbook.com

机 工 官 博：weibo.com/cmp1952

金 书 网：www.golden-book.com

机工教育服务网：www.cmpedu.com

Preface 前言

2008 年以后，我国养羊业进入了快速扩张期。2020 年，全国羊存栏量超过 3 亿只，羊肉产量约 500 万吨。随着养羊业的快速发展，生产中所面临的各种问题不断突显，养羊技术人才储备不足、养殖模式与养殖理念落后等因素，导致产业发展与技术需求间的矛盾越发突出，很多养殖场因管理不善导致利润微薄甚至亏损。

随着养殖集约化水平不断提高，专业繁殖技术在养殖环节所扮演的角色正在变得越发重要。饲养成本是养殖过程中的主要成本，在羊群数量稳定的前提下，饲养成本可调控的空间较小。在这种情况下，最终决定养殖效益的关键因素是繁殖率。繁殖率越高，单只母羊生产的羔羊就越多，每只羔羊分摊的母羊饲养成本也就越低，才能实现养殖效益最大化。

传统养殖模式下，羊群繁殖通常为本交模式，公母羊饲养比例约为 1:30。由于多数羊属于季节性发情动物，大部分集中于秋季发情，即便长年发情的小尾寒羊和湖羊，在非繁殖季节也会出现乏情状态。在这种情况下，采用传统本交模式的母羊繁殖率低，经济效益差。为了解决母羊繁殖率低和公羊利用率低等问题，研究者们开始探索人工输精方法。自 20 世纪 50 年代以来，人工输精方法已被广泛应用于规模化养殖场，通过同期发情和人工输精技术，使母羊繁殖间隔大大缩短，公羊利用率大幅度提高，在提高羊群繁殖率方面做出了巨大贡献。

规模羊场批次化繁控技术通过集成同期发情、同期排卵、人工输精及早期妊娠检查等多项技术（关注“农知富”公众号回复“69946-1”和“69946-2”可以获取相关技术视频），实现羊场繁殖工作批次化管理。作者经过多年的实践探索，总结出了一套具有稳定效果的同期发情、定时授精及母羊早期妊娠诊断方法，可以实现规模羊场的批次化生产，科学地制订生产规划，从而提高繁殖率，降低饲养成本，节约人力成本，对提升羊场养殖效益、提高产业发展水平具有重要意义。

需要特别说明的是，本书所用药物及其使用剂量仅供读者参考，不可照搬。在生产实际中，所用药物学名、常用名与实际商品名称有差异，药物浓度也有所不同，建议读者在使用每一种药物之前，参阅厂家提供的产品说明以确认药物用量、用药方法、用药时间及禁忌等。购买兽药时，执业兽医有责任根据经验和对患病动物的了解决定用药量及选择最佳治疗方案。

本书在编写过程中，参考了部分专家学者的相关文献资料，因篇幅所限未能一一列出，在此深表歉意，同时表示感谢。

由于编著者水平有限，书中难免有不足和疏漏之处，恳请广大读者和同行批评指正。

编著者

Contents 目录

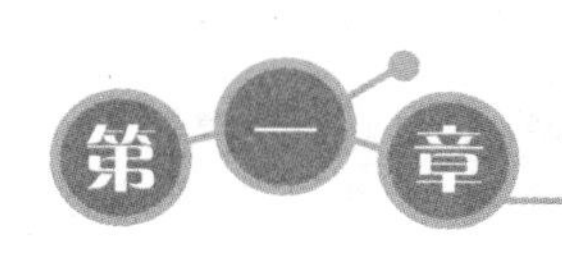

第一章 规模羊场批次化繁控技术的目的及意义

一、我国规模羊场发展历程

我国养羊业历史悠久，经历了放牧→半放牧半舍饲→全舍饲模式的漫长发展历程。21 世纪以前，我国养羊业主要以放牧和半放牧半舍饲养殖模式为主，其中山区及草原地区以放牧为主，农区主要以农户小规模散养为主，多为半放牧半舍饲养殖模式。21 世纪以后，由于过度放牧，导致山区及草原荒漠化越来越严重，出于环境保护需要，国家出台了“封山禁牧”“封草禁牧”等政策，山区及草原放牧养殖模式逐渐退出，我国养羊业完成了由放牧到舍饲的转变。

进入 21 世纪以后，我国养羊业取得了突飞猛进的发展，养殖模式和产业结构发生了重大的变化。随着经济的快速发展和人们收入水平的不断提高，传统的小规模养殖不再能满足农户的收入需要，农户小规模散养模式逐渐退出历史舞台。与此同时，集约化养殖模式快速兴起，规模化羊场逐渐增多，养殖集约化程度不断提高，我国养羊业完成了由散养模式向集约化养殖模式的转变。

随着养羊业的快速发展，养殖规模的盲目扩张，落后的管理水平与过快的发展速度之间的矛盾逐渐突显。很多规模羊场，由于管理人员缺乏足够的经验，饲养人员不具备足够的专业技能，导致羊场没有坚实的技术支撑，缺少科学合理的运营模式，因而陷入了利润过低甚至亏损的风险中。假如企业不能实现理想盈利，无法为专业人才提供较好的待遇，进而造成人才流失，长此以往，就陷入了亏损→人才流失→亏损的恶性循环，最终导致企业难以维持运营。当前，我国养羊业存在专业技能人才匮乏、从业人员专业素质偏低等问题，严重制约

了养羊业的健康发展，而养殖场通常位于偏远的乡村地区，生活交通不够便利，往往导致了高校毕业生不愿选择从事养殖工作，进一步限制了企业的人才储备。

一般来说，规模羊场的主要运营成本包括人工、水电及饲料等费用，主要收入来源是出售羔羊。因此，规模羊场出栏的羔羊数量是企业能否盈利的关键因素。正常来讲，单只母羊产羔数应为3只/年，但由于管理粗放，很多规模羊场母羊产羔数低于2只/年，繁殖母羊长期空怀，不生产羔羊而且耗费饲料，造成整体生产效率下降，养殖成本增加，这也是导致规模羊场亏损的直接因素。在现阶段，母羊繁殖率是影响企业盈利的关键因素，也是制约羊产业持续发展的卡脖子问题。

那么，在养羊业快速发展的阶段，企业如何脱离专业人才缺乏的窘境，突破制约产业发展的瓶颈因素，最终实现产业健康发展，是企业和相关从业人员需要共同面临的问题。本书将围绕规模羊场盈利的核心要素——繁殖率为切入点，以一系列繁殖调控技术为轴线，集成了规模羊场批次化繁控技术。通过繁殖规律解析、生殖激素应用，繁殖技术操作及批次化繁控技术的实施，最终使规模羊场繁殖工作人员透彻理解此项技术的理论及操作方法，实现规模羊场生产科学化、合理化、统一化，从根本上解决规模羊场母羊发情晚、繁殖周期长、生产效率低等问题，最终实现理想经营模式，助力产业健康发展。

二、当前规模羊场繁殖现状

1. 试情

传统规模羊场通常采用让试情公羊进行试情的方式，即由一两名工作人员牵引试情公羊逐个圈舍进行试情。试情公羊进入母羊圈舍后，会对母羊进行追逐，若母羊处在发情状态，则会出现摆尾、接受爬跨等表现，由工作人员标记发情母羊，准备进行配种。

2. 配种

传统的配种方法是采用本交方法，即试情确认母羊有发情表现后，通过种公羊与发情母羊交配进行配种。一般来说，青年母羊体重达到成年体重的70%，即可参与配种。由于母羊个体差异，通常达

到性成熟的时间有早有晚。有的母羊 5 月龄即可达到性成熟，但此时母羊个体较小，不适宜过早配种。还有部分母羊个体发育较快，但是性成熟时间较晚，甚至部分母羊超过 12 月龄依然不出现发情表现。

经产母羊通常于产后 1.5 ~2 个月断奶，断奶后由于激素水平发生变化，催乳素水平降低，雌激素水平升高，卵泡开始发育，多数母羊断奶后 2 周内出现发情表现并进行配种。

3. 产羔

规模羊场通常配备产房，母羊临近生产时，由工作人员将母羊驱赶进产房进行待产，产房保温效果较好，在冬季有助于提高羔羊成活率。但采用传统配种方式，便决定了每天都有母羊进行配种，到繁殖期每天都有母羊进入产房待产。产羔后 3 ~7 天，工作人员将母羊及羔羊移出产房，混群饲养。

4. 断奶、育肥及出栏

羔羊通常 45 日龄或 60 日龄进行断奶，为了便于管理，羊场通常将生产日期相近的羔羊进行统一断奶。由于产羔数会有不同，导致羔羊初生重有较大的差异，加之哺乳期羔羊生长速度较快，通常同一批断奶羔羊体重会出现较大差距。羔羊断奶后开始进入育肥期，弱羔在食物抢夺上处于劣势地位，长期下来，弱羔越弱，强羔越强，弱羔病死率上升，出栏肥羔大小不一，整齐度差。

三、当前规模羊场生产弊端

1. 试情工作繁重

试情工作一般由 1 ~2 名工作人员牵引试情公羊在母羊舍逐个圈舍进行试情，通常每个圈舍约 10 只母羊，一般规模羊场会有上百个母羊圈。一般来说，试情公羊在每个圈舍需要停留一段时间，试情完成后还需要对发情母羊进行标记，通常完成 1 个圈舍的试情工作需要 10 分钟以上。因此，若想每天全部完成试情工作，通常需要安排多名工作人员和多只试情公羊，试情工作完成后，还要对发情母羊逐只进行配种，需要消耗大量时间，工作效率十分低下。

2. 种羊饲养成本高

传统的本交配种模式，公母羊饲养比例一般为1:30，如果采用人

工输精配种，公母羊饲养比例可以达到1:300，大幅度降低了种公羊饲养数量。以1万只繁殖母羊计算，两种饲养模式种公羊饲养数量相差约300只，每只种公羊年饲养成本约为2000元，直接饲养成本就相差近60万元，差异显著。但是由于部分规模羊场尚未熟练掌握人工输精操作规程，人工输精效果好坏不一。

3. 繁殖周期长

绵羊多数为季节性发情，即便全年发情的湖羊和小尾寒羊品种，也多数集中于春、秋两季发情。母羊发情存在个体差异，部分母羊会出现隐性发情的情况，这些母羊有正常的排卵周期，可以配种妊娠，但是不会出现正常发情表现，导致错过适宜的配种时期，空怀时间延长或者被淘汰，造成不必要的损失。长期不发情的母羊混入羊群中，导致母羊饲养成本增加、整体繁殖间隔延长。

4. 后代整齐度差

一般规模羊场每天都要进行试情、配种工作，分娩期每天都有产羔，即整个羊场每天都需要安排试情、配种和接产等工作，非常繁重且复杂，需要大量劳动力。与此同时，羔羊出生日期不同会导致整齐度差、个体大小不一，而羊场通常采用批量断奶，统一进入育肥期，所以同一批次断奶羔羊中难免出现弱羔，提高了疾病发生风险，最终导致羔羊成活率下降，生产效益降低。

5. 免疫水平参差不齐

羔羊从出生开始就要进行疫苗免疫，直到断奶、育肥出栏，不同日龄需要接种不同疫苗进行免疫，防止群体传染性疾病的发生。如果羔羊日龄差别大、个体大小不一，势必会造成羔羊免疫水平参差不齐，一方面增加了疫苗接种工作量，另一方面还会造成免疫效果不好，增加了疾病水平传播的风险，容易造成羔羊间不同疾病的交叉感染。

6. 饲喂难度大

按照一般生产习惯，羔羊在出生7～10天后开始补饲羔羊开口料，以自由采食方式进行补充，直到断奶。羔羊断奶后，经过1周左右的过渡时间，便进入育肥阶段，育肥周期为4～6个月，通常分为

育肥前期、中期、后期3个阶段。由于羔羊处于不同发育阶段的营养需求有所不同，因此，羔羊开口料及育肥前期、中期、后期饲料的组成有一定差异。如果在羔羊大小不一的情况下进行统一饲喂，会造成部分羔羊营养不足而另一部分羔羊营养过剩，不但造成饲料浪费，还会导致部分羔羊生长速度减慢，最终影响生产效益。

四、批次化生产模式的优势及意义

1. 全进全出

通过规模羊场批次化繁控技术，可以合理安排羊场日常的各项生产工作，实现短时间内集中完成某一项生产工作，如配种、产羔、断奶、免疫、育肥及出栏等，可以实现育肥羔羊的全进全出，提高羊场工作效率和生物安全水平。

2. 便于羔羊护理

由于母羊产羔数通常为1～4只不等，部分产3～4只羔羊的母羊泌乳量不足以满足所有羔羊的营养需要，经常出现弱羔，导致羔羊发病率升高、成活率下降。批次化生产技术可以实现母羊同期产羔，将多羔或者弱羔进行寄养，从而提高羔羊整体断奶成活率和出栏整齐度。

3. 便于阶段化管理

批次化生产模式下，羔羊日龄接近、体况相似，对于环境、营养等外部条件需求一致，便于实现阶段化管理。

4. 便于免疫

批次化生产模式下，羔羊整齐度较高、免疫水平相近，羊群疫苗接种整齐度高、健康水平高，可以降低发病率，减少用药成本。此外，还可以有效切断疫病水平传播途径，提升羊场生物安全水平，保障羊场抗风险能力。

5. 计划生产

批次化生产模式下，可以计算出每一批次后备母羊需求量，能够实现后备母羊定时定量补充，有效稳定羊群结构。羊场各项生产工作可以按照工作计划逐项执行，大大提高劳动效率，降低劳动强度及人工成本。

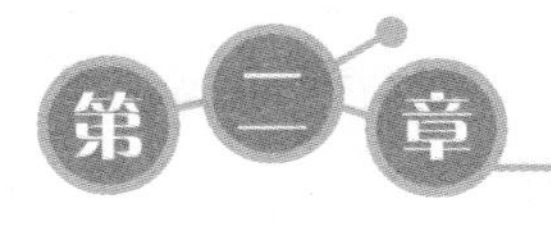

第二章 生殖激素及其生理功能

第一节 概念及原理

一、激素及其生理作用特点

1. 激素

由动物的内分泌器官产生，经体液或空气等途径传播，作用于靶器官或靶细胞，并使其产生生理变化的微量生物活性物质，称为激素。哺乳动物体内几乎所有激素在一定程度上都与生殖功能有关。动物的繁殖机能与生殖过程都直接和间接地受激素影响，有的直接影响某些生殖生理活动，有的间接地通过保证整体的正常生理状态而维持正常的繁殖机能。

2. 激素的生理功能

1）通过调节蛋白质、糖和脂肪三大营养物质及水、盐等代谢，为生命活动提供能量，维持代谢的动态平衡。

2）促进细胞的增殖与分化，确保各组织、器官的正常生长、发育，以及细胞的更新与衰老。

3）促进生殖器官的发育成熟、生殖功能及性激素的分泌和调节，包括生精、排卵、受精、着床、妊娠及泌乳等一系列生殖的过程。

4）影响中枢神经系统和植物性神经系统的发育及其活动，与学习、记忆及行为密切相关。

5）与神经系统密切配合，调节机体对环境的适应能力。

激素的不同作用很难截然分开，不论是哪种，激素都只是起着信

使作用，传递某些生理过程的信息，对生理过程起着加速或减慢的作用，不能引起任何新的生理活动。

3. 激素的生理作用特点

1）游离的激素才能发挥生理作用。一般情况下，激素合成后会被释放到胞外液或血液中，在血液中只有游离的激素才有生物活性。大部分激素是经内分泌腺体周围的间隙扩散到血液中，然后经过外循环到达靶器官或靶细胞。

2）激素必须与受体结合才能发挥生理作用。激素是内分泌细胞与靶细胞信息交流的传递者，激素从内分泌细胞合成后会被转运到靶细胞，作为配体，任何一种激素都必须与靶细胞上的特异受体结合，才能发挥其传递信息的生理作用。因此，在动物机体内，靶细胞激素受体的表达与激素的合成、释放同等重要。激素的受体具有以下显著特点。

① 结构特异性。一种受体只能与一定构象的激素结合。

② 组织特异性。只有靶细胞才有相应激素的受体。

③ 亲和性。在靶细胞中，一定时间内激素受体的数目是有限的。

④ 亲和力。激素的亲和力大小与激素的正常生理浓度相适应。

3）微量的激素发挥巨大的生理作用。激素在血液中的含量很低，一般为 10^{-10} ~ 10^{-2} 克/毫升。

4）激素受分解酶的作用，在血液中不断被降解或代谢，因而激素存在半衰期。激素的半衰期是指由于降解或代谢，激素在血液中的浓度降到其原来的一半所需的时间。不同激素的半衰期差别很大，如促性腺激素释放激素（GnRH）就极易失活，半衰期只有几分钟，但是一些小分子激素，如类固醇激素，却能够与血液中的特异性蛋白结合，从而大大延长其半衰期。

激素在血液中被降解或者清除是正常的生理过程，灭活的同时会造成负反馈调节减弱，从而又间接促进了激素的合成与释放。因此，激素在血液中通过不断分解、不断补充从而达到生理所需浓度。

5）激素的生理作用与激素的量、活性及动物生理阶段直接相关。

6）不同激素之间具有协同或拮抗作用。

二、生殖激素的定义、分类及作用

1. 生殖激素

直接作用于生殖活动，如动物的性器官、性细胞、性行为等的发生和发育，以及与发情、排卵、妊娠和分娩等生殖活动有直接关系的激素统称为生殖激素。生殖激素是由动物内分泌腺体无管腺产生，故又称为生殖内分泌激素，如促性腺素释放激素、促性腺激素、性腺激素等。

与生殖机能无关，但可以通过调节机体生长发育和代谢从而间接调节生殖活动的激素，称为次要生殖激素。如生长激素、促肾上腺皮质激素、促甲状腺素、甲状腺素、胰岛素、皮质醇等。

2. 生殖激素的分类

（1）按来源和分泌器官分类 根据来源和分泌器官及转运机制的不同，可将生殖激素分为脑部激素、性腺激素、胎盘激素、其他组织器官分泌的激素和外激素五大类。

1）脑部激素。由脑部各区神经细胞或核团如松果体、下丘脑和垂体等分泌，主要调节脑内和脑外生殖激素的分泌活动。

2）性腺激素。由睾丸或卵巢分泌，受脑部激素和其他因素的调节和影响，对生殖细胞的发生、发育、排卵、受精、妊娠和分娩，以及雌性和雄性动物生殖器官的发育等生殖活动都有直接或间接作用。

3）胎盘激素。由雌性动物胎盘产生，对于维持妊娠和启动分娩等有直接作用。

4）其他组织器官分泌的激素。产生于生殖系统外的内分泌组织或器官，对卵泡发育和黄体消退等具有直接调节作用的激素，主要为前列腺素。

5）外激素。由外分泌腺体（有管腺）分泌，主要借助空气和水传播而作用于靶器官，主要影响动物的性行为。

在内分泌系统中，下丘脑、垂体和性腺分泌的激素在功能和调节上相互作用，构成了一个完整的神经内分泌生殖调节体系，即下丘

脑-垂体-促性腺轴，在动物生殖活动的调节中起着核心作用。

（2）按照化学成分分类

1）蛋白质或肽类激素包括促性腺激素释放激素、促卵泡素、促黄体素、促乳素、人绒毛膜促性腺激素和抑制素等。

2）类固醇激素包括雌激素、孕激素和雄激素。

3）脂肪酸激素如前列腺素。

3. 生殖激素的作用特点

生殖激素的作用过程比较复杂，它既能调节动物生殖生理活动，维持机体内在环境的稳定，又能促进生殖器官与组织的形态变化。其作用特点可以归纳为以下几个方面。

1）量小作用大。少量或极微量的生殖激素就可引起很大生理变化，许多生殖激素在相继的作用过程中，表现最突出的特点是信号放大。如直接用1匹克雌二醇于阴道黏膜上或子宫内膜上，就可引起明显的生理变化。往往最初的刺激所引起的变化可能只涉及微小的能量，但在引发一系列生理效应的过程中，逐级增加兴奋量和产物的数量。

2）不同激素在体内的生物学效应不一样。激素在血液中处于不断分解、不断补充的动态平衡过程，也就是说激素是不断更新的。生殖激素的生物活性在体内消失一半时所需时间，称为半存留期（半衰期），半存留期短的生殖激素一般呈脉冲性释放，在体外，必须多次提供才能产生生物学作用（如促卵泡素）。相反，半存留期长的激素（如孕马血清促性腺激素），一般只需一次供药就可产生生物学效应。

3）生殖激素必须与其受体结合后才产生生物学效应。不同动物的生殖激素可以互起作用，但各种生殖激素均有一定的靶器官和靶组织。如下丘脑的促性腺释放激素作用于垂体；垂体促性腺激素作用于性腺；性腺激素作用于生殖道等。激素作用的靶组织、靶器官均有激素受体存在。一般多肽和蛋白质激素受体在细胞膜上，称为膜受体，各种类固醇激素受体在细胞质中，称为胞液性受体。受体为脂蛋白，激素一旦与受体结合就失效，需要重新合成，激素受体复合物方可运

动进入细胞核。所以激素能否起作用，主要看有无受体存在。

4）生殖激素的生物学效应与动物所处生理时期及激素的用量和使用方法有关。同种激素在不同生理时期、不同使用剂量和使用方法条件下所起的作用不同。例如，在动物发情排卵后一定时期连续使用孕激素，可诱导发情；但在发情时应用孕激素，则可抑制发情；在妊娠期使用低剂量的孕激素可以维持妊娠，但如果使用大剂量孕激素后突然停止使用，则可终止妊娠，导致流产。引起生殖激素产生相反生物学效应的主要原因，是激素的分泌和释放具有反馈调节机制。

5）生殖激素间具有协同或拮抗作用。某种生殖激素在另一种或多种生殖激素的参与下，其生物学活性显著提高，这种现象称为协同作用。例如，一定剂量的雌激素可以促进子宫发育，在孕激素的协同作用下子宫发育更加明显。催产素在雌激素的协同作用下可以促进子宫收缩。相反，一种激素如果抑制或减弱另一种激素的生物学活性，则该激素对另一激素具有拮抗作用。例如，雌激素具有促进子宫收缩的作用，而孕激素则可抑制子宫收缩，即孕激素对雌激素的子宫收缩作用具有拮抗效应。生殖激素的反馈调节作用及其与受体结合的特性，是引起某些激素间具有协同或拮抗作用的主要原因。

6）分子结构类似的生殖激素，一般具有类似的生物学活性。如己烯雌酚（人工合成的激素类似物）与雌二醇有相似的分子结构，其生物学作用相似。相反，分子组成相同而分子结构（尤其是生物活性中心的分子结构）不一致的激素，其生物学作用可能不同。例如，松弛素与胰岛素虽有类似的分子组成，但因分子结构（二硫键所处位置）不同，其生物学活性差异很大。

第二节 主要的生殖激素及其生理功能

一、促性腺激素释放激素

促性腺激素释放激素（GnRH），是由下丘脑分泌产生的神经激素，对脊椎动物的生殖调控起重要作用，能促进垂体前叶分泌促黄体素和促卵泡素。

1. 促性腺激素释放激素的合成和分布

促性腺激素释放激素主要由下丘脑的特异性神经核合成。促性腺激素释放激素神经元的细胞体位于下丘脑的视前区、前区和弓状核，其轴突集中于正中隆起，合成的促性腺激素释放激素在此处以脉冲方式释放到垂体门脉系统。此外，脑干、杏仁核等下丘脑以外的神经组织中也存在促性腺激素释放激素神经纤维。实际上，促性腺激素释放激素在整个脑区均有分布。研究还发现，松果腺、视网膜、性腺、胎盘、肝脏、消化道、颌下腺等多种器官组织均存在促性腺激素释放激素或促性腺激素释放激素样肽，说明这种激素的来源和分布十分广泛。

2. 促性腺激素释放激素的生理功能

除垂体外，多种组织如交感神经系统、视网膜、肾上腺、性腺、胎盘、乳腺、胰脏、心肌、肺和某些肿瘤细胞上也存在促性腺激素释放激素受体，说明促性腺激素释放激素的功能具有多样性。

1）促性腺激素释放激素具有促进垂体前叶促性腺激素合成和释放的功能，其中以促使促黄体素释放为主，也有促使促卵泡素释放的作用。然而，长时间或大剂量应用促性腺激素释放激素及其高活性类似物，会出现所谓抗生育作用，即抑制排卵、延缓胚胎附植、阻碍妊娠，甚至引起性腺萎缩。

2）具有垂体外作用，可以直接作用于中枢神经系统诱发交配行为。促性腺激素释放激素对性腺也有直接的调节作用，如促性腺激素释放激素抑制体外培养的体细胞分泌黄体酮（也称为孕酮）。

3）对雄性动物有促进精子产生和增强性欲的作用，对雌性动物具有诱导发情、排卵，以及提高配种受胎率的功能。

3. 促性腺激素释放激素分泌的调节

下丘脑促性腺激素释放激素分泌细胞（肽能神经元）活动的调节可分为两类，一类属于神经调节，另一类属于体液（激素）调节。内外环境的变化反映到高级神经中枢，其神经末梢与促性腺激素释放激素神经元的胞体或树突形成突触联系，通过释放胺类、肽类神经递质，调节促性腺激素释放激素的分泌活动。促性腺激素释放激素分泌的激素调节包括3种反馈机制。性腺类固醇通过体液途径作用于下丘

脑，调节促性腺激素释放激素的分泌，此为长反馈调节；垂体促性腺激素通过体液途径对下丘脑促性腺激素释放激素的分泌进行调节，称为短反馈调节；血液中促性腺激素释放激素浓度对下丘脑的分泌活动也有自身引发效应，称为超短反馈调节。

二、催产素

催产素（OXT）是由下丘脑合成，经神经垂体释放进入血液中的一种神经激素。它是第一个被测定出分子结构的神经肽。

1. 催产素的生理作用

催产素和加压素虽然结构相似，但作用有很多不同。加压素主要对血管平滑肌起收缩作用（加压作用）和抗利尿作用（因此加压素又称抗利尿素）。催产素有以下作用。

1）对子宫的作用。在分娩过程中，催产素刺激子宫平滑肌收缩，促进完成分娩，雌激素增加子宫对催产素的敏感性。

2）对乳腺的作用。在生理条件下，催产素的释放是引起排乳反射的重要环节，在哺乳或挤乳过程中起重要作用。催产素能强烈地刺激乳腺导管肌上皮细胞收缩，引起排乳。

3）对卵巢的作用。卵巢黄体局部产生的催产素可能有自分泌和旁分泌调节作用，促进黄体溶解（与子宫前列腺素相互促进）。

4）对中枢神经系统的作用。在中枢神经系统内，催产素起着神经递质的作用，参与调节机体的多种功能，如促进动物觉醒、抑制动物的学习和记忆功能、兴奋运动神经元而增强全身运动、抑制摄食、抑制胃运动和胃分泌、诱发镇痛作用、升高体温、促进性行为和母性行为、调节心血管活动等。

5）大剂量催产素也有一定抗利尿作用。

2. 催产素分泌的调节

催产素分泌一般是神经反射性的。在分娩时，子宫颈受牵引或压迫，反射性地引起催产素释放。在哺乳期间，吮乳动作对乳头的刺激也能反射性引起垂体尽快释放催产素。此外，雌激素能促进催产素及其运载蛋白释放，也可促进血液中催产素的分解代谢。

三、促卵泡素

促卵泡素（FSH）是垂体前叶嗜碱性细胞分泌的一种激素，成分为糖蛋白，主要作用为促进卵泡成熟。促卵泡素与促黄体素统称为促性腺激素，具有促进卵泡发育成熟的作用，与促黄体素一起可促进雌激素分泌。

1. 促卵泡素的生理作用

促进卵巢卵泡生长，促进卵泡颗粒细胞增生和雌激素合成与分泌，刺激卵泡细胞上促黄体素受体产生；促进睾丸足细胞合成和分泌雌激素，刺激生精上皮的发育和精子的产生，其中在次级精母细胞及其以前阶段，促卵泡素起重要作用，此后由睾酮起主要作用。

2. 促卵泡素分泌的调节

促卵泡素分泌是脉冲式的。促卵泡素的合成和分泌受下丘脑促性腺激素释放激素和性腺激素的调节。来自下丘脑的促性腺激素释放激素脉冲式释放，经垂体门脉系统进入垂体前叶，促进促卵泡素的合成和分泌。而来自性腺的类固醇激素则通过下丘脑对促卵泡素的释放起负反馈抑制作用。促卵泡素基础分泌对于性腺类固醇负反馈的反应性比促黄体素更强。性腺抑制素则是抑制促卵泡素分泌的另一因素。许多哺乳动物，在排卵后促卵泡素分泌量突然上升，在黄体期也有促卵泡素分泌小高峰出现，这是由雌激素和抑制素下降造成的。对于雄性动物，睾酮和抑制素是主要的抑制性因素。此外，激活素、卵泡抑素、转化生长因子 β 等性腺肽对促卵泡素分泌也有调节作用。

四、促黄体素

促黄体素（LH）由垂体嗜碱性细胞分泌，是一种糖蛋白激素，由 α 和 β 两个亚基肽链以共价键结合而成。排卵前有大量的促黄体素被释放，形成曲线高峰，称为促黄体素峰。

1. 促黄体素的生理作用

对于雌性动物来说，促黄体素促进卵泡的成熟和排卵，刺激卵泡内膜细胞产生雌激素（为颗粒细胞合成雌激素提供前体物质），促进排卵后的颗粒细胞黄体化，维持黄体细胞分泌孕酮。对于雄性动物来

说，促黄体素刺激睾丸间质细胞合成和分泌睾酮，促进副性腺发育和精子最后成熟。

2. 促黄体素分泌的调节

促黄体素的脉冲式分泌首先受促性腺激素释放激素的调节，促性腺激素释放激素作用于腺垂体细胞引起促黄体素的合成和释放，下丘脑持续中枢控制促黄体素的基础分泌。在多数生理条件下，促黄体素脉冲与促性腺激素释放激素脉冲是一致的。然而，当促性腺激素释放激素脉冲频率极高时，如去势后、绝经期、排卵前促性腺激素释放激素峰或药理性刺激，促黄体素脉冲将由于基础浓度的增加而钝化。当垂体对促性腺激素释放激素的反应性低时，促黄体素脉冲与促性腺激素释放激素脉冲的关系也不明显。大剂量或连续注射促性腺激素释放激素导致垂体的反应性进行性下降，这种现象称为去敏作用，自然生理条件下，不存在这种作用。

另一种调节促黄体素分泌的机制是反馈调节。雌二醇（E2）、孕酮和睾酮可降低下丘脑促性腺激素释放激素脉冲释放频率，从而降低促黄体素脉冲频率，形成负反馈。然而，在发情周期中，经过最初的抑制阶段后，在卵泡期的后期，雌激素作用于下丘脑周期中枢发挥正反馈作用，引起促性腺激素释放激素大量分泌，产生排卵前促黄体素峰。

此外，其他一些因素也可影响促性腺激素释放激素和促黄体素脉冲。例如，在应激条件下，促皮质激素轴系活化，导致生殖方面的功能下降；营养不足，身体的生长不良，促黄体素脉冲频率下降，初情期延迟。来自外界环境的信息也会影响促性腺激素释放激素和促黄体素脉冲频率，季节性繁殖即是环境因素影响的例子。

五、绒毛膜促性腺激素

胎盘是保证胎儿正常发育的重要器官，它具有极为复杂的功能。胎盘存在着一个内分泌、旁分泌、自分泌的复杂调节体系，重要的功能之一就是分泌多种激素。马属动物胎盘分泌的孕马血清促性腺激素（PMSG），也称为马绒毛膜促性腺激素（eCG），和灵长类胎盘分泌

的人绒毛膜促性腺激素（hCG）是生产中常用的胎盘激素。

1. 马绒毛膜促性腺激素

（1）马绒毛膜促性腺激素的产生部位及其浓度变化　经典学说认为，马绒毛膜促性腺激素是由妊娠母马子宫内膜组织（母体胎盘）产生的。马绒毛膜促性腺激素主要存在于血清中，也称为孕马血清促性腺激素，从妊娠38～40天母马的血液中即可测出，45～90天浓度最高（浓度可达250国际单位/毫升），此后逐渐下降，110天后下降迅速，到170天时就检测不到了。血清中马绒毛膜促性腺激素浓度与妊娠马体格有关，轻型马浓度较高，重型马较低。其他马属动物妊娠期间也产生马绒毛膜促性腺激素，且不同的杂交类型，血清中浓度不同。一般情况下公马配母驴时浓度最高，其次是母马怀马胎，再次是公驴配母马，最低是母驴怀驴胎。

（2）马绒毛膜促性腺激素的生化特性　马绒毛膜促性腺激素是一种糖蛋白激素。马绒毛膜促性腺激素分子的特点是含糖量很高（41%～45%），远远高于马垂体促卵泡素和促黄体素糖基部分的含量（25%左右）。

（3）马绒毛膜促性腺激素的生理功能　马绒毛膜促性腺激素具有促卵泡素和促黄体素双重活性，在畜牧生产和兽医临床上被广泛应用。国内马绒毛膜促性腺激素的制剂仍称为孕马血清促性腺激素。

1）用于超数排卵。常用马绒毛膜促性腺激素代替价格较贵的促卵泡素进行超数排卵处理，但由于马绒毛膜促性腺激素半衰期长，在体内不易被清除，一次注射后可在体内存留数天甚至1周以上，残存的马绒毛膜促性腺激素影响卵泡的最后成熟和排卵，使胚胎回收率下降。在用马绒毛膜促性腺激素进行超数排卵处理时，补用马绒毛膜促性腺激素抗体（或抗血清），中和体内残存的马绒毛膜促性腺激素，可明显改善超排反应。

2）治疗雄性动物睾丸机能衰退或死精有一定效果。

3）可治疗雌性动物乏情、安静发情或不排卵。

4）可提高母羊的双羔率。

2. 人绒毛膜促性腺激素

（1）人绒毛膜促性腺激素的产生部位和分布 人绒毛膜促性腺激素由人类胎盘绒毛膜的合胞体滋养层细胞合成和分泌，是一种糖蛋白激素，大量存在于孕妇尿中，血液中也有。采用灵敏的放射免疫测定法，在受孕后8天的孕妇尿中即可检出人绒毛膜促性腺激素。妊娠60天左右，尿中人绒毛膜促性腺激素浓度达高峰。妊娠150天前后降至低浓度。其他灵长类胎盘也有类似于人绒毛膜促性腺激素的促性腺激素产生。

（2）人绒毛膜促性腺激素的生理功能及应用 人绒毛膜促性腺激素的生物学作用与促黄体素相似。在孕妇体内，其主要功能可能是维持妊娠黄体。而用人绒毛膜促性腺激素处理动物时，它可促进卵泡成熟和排卵并形成黄体。对于雄性动物来说，人绒毛膜促性腺激素刺激睾丸间质细胞分泌睾酮。

人绒毛膜促性腺激素制剂从孕妇尿或刮宫液中提取，以促黄体素活性为主，也具有促卵泡素活性，在临床上，多应用于促进排卵和黄体机能。通常将其与马绒毛膜促性腺激素或促卵泡素配合使用，即先用马绒毛膜促性腺激素或促卵泡素促进卵泡发育，然后在动物发情时注射人绒毛膜促性腺激素促进排卵。此外，人绒毛膜促性腺激素可用于治疗卵巢囊肿、排卵障碍等繁殖疾病。对于雄性动物来说，人绒毛膜促性腺激素具有促进生精的作用。

六、雌激素

1. 雌激素来源

卵巢、胎盘、肾上腺及睾丸等都分泌雌激素，而以卵巢分泌量为最高。雌激素的主要作用形式是雌二醇。

卵巢内雌激素主要由卵泡颗粒细胞分泌，卵泡在促黄体素的作用下，卵泡内膜细胞产生睾酮，进入颗粒细胞中；促卵泡素刺激颗粒细胞芳香化酶活性，在该酶的催化下睾酮转化成雌二醇。在睾丸中，促黄体素刺激间质细胞产生睾酮，进入精细管中的足细胞内，在促卵泡素刺激下足细胞内的睾酮转化成雌二醇。卵巢中产生的雌激素包括雌

二醇和雌酮，两者可以互相转化。雌酮又可以转化成雌三醇。除天然雌激素外，已人工合成了许多雌激素制剂，如已烯雌酚、已烷雌酚、苯甲酸雌二醇等。

2. 雌激素的生理功能

雌激素是雌性动物性器官发育和维持正常雌性性机能的主要激素。雌二醇是其主要的作用形式。雌激素有以下主要生物学作用。

（1）促进雌性动物的发情表现和生殖道生理变化　如促使阴道上皮增生和角质化；促使子宫颈管道松弛并使其黏液变稀薄；促使子宫内膜及肌层增长，刺激子宫肌层收缩；促进输卵管增长并刺激其肌层收缩。这些变化有利于交配、配子运行和受精。刺激子宫内膜合成和分泌前列腺素 F2α（PGF2α），使黄体溶解，发情期到来，诱导输卵管上皮的分泌活性。

（2）促进建立妊娠　雌激素作为妊娠信号，有利于妊娠的建立。如猪的早期胚胎附植需要雌激素。

（3）促进乳腺导管发育　雌二醇与促乳素协同作用，促进乳腺导管系统发育。

（4）通过对下丘脑的反馈作用调节促性腺激素释放激素和促性腺激素分泌　雌二醇的负反馈作用部位在下丘脑的持续中枢，正反馈作用部位在下丘脑的周期中枢（引起排卵前促黄体素峰）。因此，雌二醇在促进卵泡发育、调节发情周期中起重要作用。

（5）促进雄性动物性行为　在雄性动物的性中枢神经细胞中，睾酮转化成雌二醇，是引起性行为的机制之一。少量雌二醇可促进雄性动物性行为，但大量的雌激素使雄性动物睾丸萎缩、副性器官退化，造成不育。

（6）对骨代谢的影响　肠、肾、骨等组织中都有雌激素受体存在，雌激素作用于这些组织，可促进钙的吸收、减少钙的排泄、抑制骨吸收，强化骨形成，促使长骨骨骺部软骨成熟，抑制长骨增长。

（7）对胰岛素的影响　雌二醇可刺激胰岛素分泌，提高胰岛素在靶组织中的作用；增加细胞对胆固醇的利用和清除，抑制脂质沉积。

七、孕激素

孕酮是活性最高的孕激素，是雌激素和雄激素的共同前体。

1. 来源与结构

孕激素是一类含21个碳原子的类固醇激素，主要来源于卵巢的黄体细胞。此外，肾上腺、卵泡颗粒细胞和胎盘等也分泌孕激素。孕激素在母畜和公畜体内均存在，既是合成雌激素和雄激素的中间体，又能独立发挥生理作用。初情期前，孕激素主要由卵泡内膜细胞、颗粒细胞及肾上皮细胞分泌；初情期后，孕激素主要由卵巢黄体细胞合成和分泌。

2. 孕激素的生物学作用

孕激素和雌激素作为雌性动物的主要性激素，共同作用于雌性的生殖活动，两者的作用既相互抗衡，又相互协同，两者在血液中的浓度此消彼长。孕酮的主要靶组织是生殖道和下丘脑-垂体轴。总体说来，孕酮对生殖道的作用主要是为开始妊娠和维持妊娠做准备。孕激素的主要生物学作用如下：

1）在黄体期早期或妊娠初期，促进子宫内膜增生，使腺体发育、功能增强。这些变化有利于胚泡附植。

2）在妊娠期间，抑制子宫的自发活动，降低子宫肌层的兴奋作用，还可促进胎盘发育，维持正常妊娠。孕酮阻抗雌二醇诱导输卵管分泌蛋白的产生，使输卵管上皮分泌活性退化和停止。

3）大量孕酮抑制性中枢使动物无发情表现，但少量孕酮与雌激素协同作用可促进发情表现。动物的第一个情期（初情期）有时表现为安静排卵，可能与孕酮的缺乏有关。

4）生殖周期的长度由孕酮控制。在卵泡期，血中孕酮浓度低，浓度上升的雌二醇作用于下丘脑和垂体，刺激低幅度、高频率促黄体素脉冲释放，导致血中促黄体素浓度上升，驱动卵泡发育至排卵。排卵后，随着黄体发育，血中高浓度的孕酮限制着促黄体素以高幅度、低频率释放，使促黄体素平均浓度降低。

5）与促乳素协同作用，促进乳腺腺泡发育。

6）调节中枢γ-氨基丁酸（GABA，抑制性神经递质）受体的功能，具有催眠和麻醉作用。

7）通过抑制糖皮质激素作用和加强雌激素作用来抑制骨吸收，促进骨形成，是一种骨营养激素。

3. 孕激素制剂在畜牧兽医上的应用

多种人工合成的孕激素制剂已用于人类医学、畜牧和兽医领域。主要制剂有甲孕酮、甲地孕酮、16-次甲基甲地孕酮、炔诺酮、氯地孕酮、氟孕酮等。孕激素制剂在畜牧兽医上有以下用途。

1）孕激素制剂可作为同期发情的药物。

2）孕激素制剂可与其他激素（如人绒毛膜促性腺激素）合用治疗母畜乏情或卵巢囊肿。

3）孕激素制剂与雌激素和皮质类固醇联用，可诱导母羊的母性行为。

4）孕激素制剂可用于保胎。

八、雄激素

雄激素的主要存在形式是睾酮和双氢睾酮。

在分泌雄激素的细胞中，雄烯二酮在17β-羟脱氢酶催化下转化成睾酮，该反应是可逆的。5α-还原酶催化睾酮转化为双氢睾酮。雄激素在组织内不存留，很快被利用或被降解而通过尿液或粪便排出体外。

双氢睾酮与睾酮共有同一种受体，且双氢睾酮与受体的亲和力远大于睾酮，所以认为双氢睾酮是体内活性最强的雄激素。实际上，双氢睾酮是睾酮在靶细胞内的活性产物。但更高浓度的睾酮与双氢睾酮一样可与受体结合形成激素受体复合物。虽然它们能与同一种受体相结合，但发挥的生物学作用不完全相同，双氢睾酮一方面可扩大或强化睾酮的生物学效应，另一方面调节某些特殊靶基因（对睾酮-受体复合物无反应）的特异性功能。

1. 雄激素的生理作用

1）在雄性胎儿性分化过程中，睾酮刺激沃尔夫氏管发育成雄性

内生殖器官（附睾、输精管等），双氢睾酮刺激雄性外生殖器官（阴茎、阴囊等）发育。

2）睾酮启动和维持精子产生，并延长附睾中精子的寿命；双氢睾酮在促进雄性第二性征和性成熟中具有不可替代的作用。

3）雄激素刺激副性腺的发育。

4）睾酮作用于中枢神经系统，与雄性性行为有关。

5）睾酮对下丘脑或垂体有反馈调节作用，影响促性腺激素释放激素、促黄体素和促卵泡素的分泌。

6）睾酮对外激素的产生有控制作用。

7）睾酮对生殖系统以外的作用：如增加骨质生成和抑制骨吸收，激活肝酯酶，加快高密度脂蛋白的分解，脂质沉积加快。

2. 雄激素的应用

1）睾酮在临床上主要用于治疗雄性动物性欲低下或性机能减退，但单独使用不如睾酮与雌二醇联合处理效果好。

2）合成雄激素制剂，注射给母羊或去势羊，可使之作为试情羊。

九、前列腺素

前列腺素（PG）是存在于动物和人体中的一类由不饱和脂肪酸组成的具有多种生理作用的活性物质。前列腺素最早发现存在于人的精液中，当时以为这一物质是由前列腺释放的，故而得名。

1. 前列腺素的化学结构和种类

前列腺素在体内多数细胞中均有合成，具有自分泌和旁分泌脂类介质作用。它们不储存，而是当细胞受到机械创伤，或特异性细胞因子、生长因子及其他刺激（如血小板中的胶原、二磷酸腺苷，内皮细胞的缓激肽和凝血酶）时，由细胞膜释放的花生四烯酸从头合成。

2. 前列腺素的生物学作用

前列腺素从细胞中释放，主要通过有机阴离子转运蛋白多肽家族中的前列腺素转运蛋白（PGT）的转运而实现，也可能通过其他未知的转运蛋白转运。不同来源、不同类型的前列腺素具有不同的

生物学作用。在动物繁殖过程中有调节作用的前列腺素主要是前列腺素 F 和前列腺素 E。

（1）溶解黄体的作用

1）前列腺素 F2α 溶解黄体的机理。子宫内膜产生的前列腺素 F 可引起黄体溶解：在黄体开始发生退化之前，子宫静脉血中的前列腺素 F2α 或循环血中前列腺素 F2α 的代谢物（前列腺素 FM）浓度明显升高；在黄体溶解发生时，前列腺素 F2α 的分泌呈现出逐渐明显且增强的分泌波；在黄体期，从子宫静脉或卵巢灌注前列腺素 F2α 可诱导同侧卵巢黄体提前溶解；在黄体发生溶解时，从子宫内膜组织分离出的前列腺素 F2α 含量最高。

现有倾向认为，前列腺素 F2α 促使酸性磷酸酶活性增强，使黄体细胞膜的通透性改变，并使溶酶体释放水解酶，进而破坏黄体细胞。前列腺素 F2α 还通过促进孕酮降解与抑制孕酮合成破坏了黄体的机能。注射外源雌激素，可使羊黄体提早退化。

2）影响子宫内膜分泌前列腺素 F2α 的因素。子宫内膜前列腺素 F2α 的分泌受雌激素、孕激素和催产素及其受体的影响。黄体期末，卵泡雌激素产量增加，雌激素促进前列腺素 F2α 的合成和释放，而黄体期孕酮的先期作用对于雌激素诱导的前列腺素 F2α 释放是必需的。近年来的研究发现，大黄体细胞能够分泌催产素和催产素结合蛋白。催产素对子宫内膜前列腺素 F2α 的分泌有促进作用。前列腺素 F2α 又可刺激催产素从大黄体细胞释放，这种正反馈回路有助于前列腺素 F2α 的渐增阵发性释放，引起黄体溶解。子宫内膜催产素受体数量在黄体期中期最低，在黄体期末迅速增加，在发情时达高峰，在排卵后降低。催产素受体浓度的变化也是影响前列腺素 F2α 释放的重要原因之一。

（2）对下丘脑垂体卵巢轴的影响　下丘脑产生的前列腺素参与促性腺激素释放激素分泌的调节，前列腺素 F 和前列腺素 E 能刺激垂体释放促黄体素。同时，前列腺素对卵泡发育和排卵也有直接作用。

（3）对子宫和输卵管的作用　前列腺素 E、前列腺素 F 具有兴奋平滑肌的作用，尤其对子宫有强烈的作用。前列腺素F促进子宫平滑肌收缩，有利于分娩活动。分娩后，前列腺素F2α对子宫功能恢复有作用。前列腺素对输卵管的作用较复杂，与生理状态有关。前列腺素F主要使输卵管口收缩，使受精卵在管内停留；前列腺素E使输卵管松弛，有利于受精卵运动。

（4）其他作用 前列腺素对生殖系统以外的生理功能具有广泛的调节作用。如前列腺素E2和前列腺素A2具有扩张血管的作用，前列腺素F有收缩血管的作用，因而参与调节血压。前列腺素可影响血小板的凝集，调节肾小管对水和电解质的吸收从而具有利尿作用。此外，前列腺素对呼吸、消化、神经系统及炎症反应均有作用，这取决于前列腺素的种类。

第三节 发情周期主要生殖激素的变化及其作用

一、母羊发情周期生殖激素的变化

初情期后母羊就具有了正常发情和繁殖能力。在母羊发情周期中，下丘脑-垂体-卵巢生殖轴激素会发生显著变化。首先，下丘脑合成分泌的促性腺激素释放激素刺激垂体细胞合成和分泌促卵泡素和促黄体素，促卵泡素，促进卵巢上小的有腔卵泡继续生长发育，而发育中的卵泡合成和分泌雌激素，大量的雌激素正反馈促使腺垂体合成和分泌大量的促黄体素，形成促黄体素峰，刺激排卵。其次，排卵后的卵泡颗粒细胞和卵泡膜细胞在促黄体素的刺激下发育形成黄体，黄体细胞分泌孕酮，而雌激素和孕酮可负反馈调节下丘脑促性腺激素释放激素的合成和分泌，并负反馈调节垂体促卵泡素和促黄体素的合成和分泌。母羊未配种或者配种后未妊娠，则在发情周期的一定时间（绵羊发情周期的第14天、山羊发情周期的第16天左右），子宫内膜细胞合成和分泌的前列腺素由子宫静脉和卵巢动脉进入卵巢黄体细胞，使黄体细胞退化溶解，新一轮卵泡发育开始，进入下一个发情周期。

二、主要生殖激素的生理作用

在母羊发情周期中，主要生殖激素的生理作用可分为卵泡期

和黄体期。

1. 卵泡期

在卵泡期，下丘脑分泌的促性腺激素释放激素促进垂体促卵泡素和促黄体素的合成及分泌。促卵泡素可促进卵巢上有腔卵泡的生长和发育，少量成为优势卵泡，而其余卵泡退化闭锁。卵泡发育过程中，卵泡膜细胞和颗粒细胞合成和分泌雌激素（主要为雌二醇增加），雌激素负反馈调节下丘脑减少促性腺激素释放激素和垂体减少促卵泡素的合成与分泌，但是大量雌激素会诱导促黄体素脉冲式分泌。而优势卵泡膜颗粒细胞上的促黄体素受体也明显增加，在促黄体素脉冲式分泌刺激下优势卵泡发生排卵。

2. 黄体期

促黄体素刺激排卵后的卵泡颗粒细胞黄体化，并刺激黄体细胞分泌孕酮，而孕酮负反馈调节垂体减少促黄体素的分泌。如果母羊发情配种并妊娠，则黄体继续分泌孕酮，维持妊娠直至分娩。如果母羊发情未配种或者配种未妊娠，则在发情周期的 13 天后子宫内膜细胞合成的前列腺素量增加，溶解黄体，孕酮浓度降低，孕酮对下丘脑-垂体的抑制作用解除，新的发情周期开始。下丘脑分泌的促性腺激素释放激素又开始刺激垂体合成和分泌促卵泡素，而促卵泡素刺激卵巢开始新一轮卵泡发育并形成优势卵泡和排卵。

第四节 生殖激素在养羊生产中的应用

生产中，生殖激素在母羊的繁殖性能调控和繁殖疾病治疗等方面得到了广泛的应用。

一、促性腺激素释放激素的应用

促性腺激素释放激素的生理功能是促进垂体细胞促卵泡素和促黄体素的合成与分泌，因此生产中促性腺激素释放激素制剂主要用于诱导母羊发情和排卵，也可用于治疗卵泡囊肿。此外，促性腺激素释放激素还可用于治疗公羊性欲减弱、精液品质下降。

二、促性腺激素的应用

促卵泡素的主要生理功能是促进卵巢有腔卵泡的生长和发育，对

接近性成熟的母羊使用孕酮和促性腺激素，可提早发情配种。促卵泡素对卵巢机能不全、卵泡发育停滞或交替发育有疗效，并能使较大卵泡发育、较小卵泡闭锁，能消除持久黄体，诱发卵泡生长。生产中，促卵泡素制剂被广泛应用在羊超数排卵处理中。同时，低剂量的促卵泡素可用于治疗母羊卵巢疾病。

促黄体素对排卵延迟、不排卵和卵泡囊肿有较好疗效，对公羊性欲减退、精子密度低等疾病有一定疗效。促卵泡素和促黄体素配合使用可改善公羊精液品质，提高精子密度和活力。

三、孕激素的应用

孕激素的主要生理功能是维持妊娠和抑制母羊发情。孕酮栓在母羊同期发情中得到了广泛应用，孕激素制剂与雌激素和皮质类固醇联用可诱导母羊的母性行为。

四、前列腺素的应用

前列腺素 F2α 的主要功能是溶解黄体，因此在生产中，前列腺素 F2α 制剂在羊同期发情中得到了广泛应用，也可用于治疗卵巢黄体囊肿。前列腺素作为精液的添加剂，可以使子宫平滑肌收缩，促使精液向输卵管方向移动，使羊同期发情，利于人工输精和胚胎移植。此外，前列腺素也可用于子宫复旧和子宫积脓的治疗。

五、马绒毛膜促性腺激素的应用

马绒毛膜促性腺激素具有促卵泡素和促黄体素双重活性，在生产中应用广泛，在治疗羊乏情、安静发情或不排卵等方面具有重要作用。在同期发情处理中，注射一定量的马绒毛膜促性腺激素可改善发情效果，提高母羊的双羔率。

用马绒毛膜促性腺激素可代替促卵泡素进行超数排卵处理，但由于半衰期长，一次注射后可在体内存留数天甚至1周以上，在体内不易被清除，会影响卵泡的最后成熟和排卵，使胚胎回收率下降。在用于超数排卵处理时，补用马绒毛膜促性腺激素抗体（或抗血清），可明显改善超排反应。

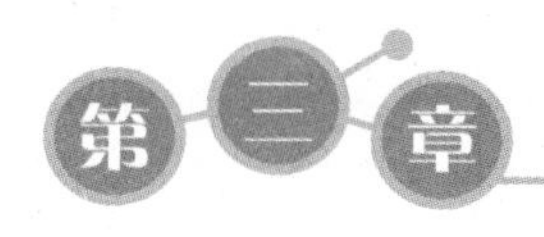

第三章 母羊发情及发情调控

第一节 母羊生殖器官及其功能

一、母羊生殖器官的组成

母羊的生殖器官主要由性腺（卵巢）、生殖道（输卵管、子宫、阴道）及外生殖器官（阴道前庭、阴唇、阴蒂）等部分组成（图3-1）。

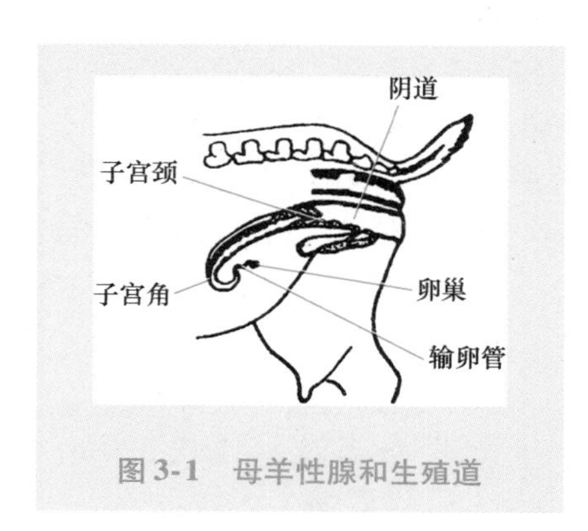

图3-1　母羊性腺和生殖道

二、卵巢

母羊的卵巢是主要的生殖腺体，是产生卵母细胞的器官，可分泌雌性激素，具有促进生殖器官及乳腺发育的功能。

1. 卵巢的形态

母羊的卵巢位于腹腔肾脏的下后方，一般被卵巢系膜悬吊在骨盆腔前口两侧附近，前端为输卵管端，后端为子宫端，两缘为游离缘和卵巢系膜缘，子宫端借助卵巢固有韧带与子宫角相连。母羊的卵巢左右各1个，成对存在，呈卵圆形或圆形，长0.5~1.0厘米、宽0.3~

0.5 厘米。卵巢的表面常不平整，充分发育时卵巢可增大 1 倍。

2. 卵巢的组织结构

卵巢表面除有卵巢系膜附着外，还覆有表面上皮，又称生殖上皮。表面上皮下为一层致密结缔组织构成的白膜。白膜内为卵巢实质，实质又可细分为外部的皮质和深部的髓质。皮质的结缔组织含有许多成纤维细胞、胶原纤维、网状纤维、血管、淋巴管、神经和平滑肌纤维。皮质具有产生滤泡、生产卵子和形成黄体的功能。由于卵巢外表无浆膜覆盖，卵泡可在卵巢的任何部位排卵，因此卵巢表面常不平整。内层为髓质，富含血管、淋巴管和神经等的疏松结缔组织，它们由卵巢门出入，所以卵巢门上没有皮质，血管分为小支进入皮质，并在卵泡膜上构成血管网。卵巢的组织结构见图 3-2。

3. 卵巢的功能

（1）维持卵泡发育和排卵　卵巢皮质部分布着许多原始卵泡，经过次级卵泡、生长卵泡和成熟卵泡阶段的发育过程，最终排出卵子。排卵后，在原卵泡处形成黄体。

（2）分泌雌激素和孕酮　在卵泡发育过程中，包围在卵泡细胞外的卵巢实质基质细胞可发育形成卵泡膜，而卵泡膜又可分为血管性的内膜和纤维性的外膜，内膜可能分泌雌激素，诱发母羊发情。排卵后，排卵处颗粒膜形成皱襞，增生的颗粒细胞形成索状，从卵泡腔周围以辐射状延伸到腔的中央形成黄体，黄体能分泌孕酮，维持妊娠。

三、输卵管

输卵管为位于卵巢和子宫之间的弯曲小管，是卵子进入子宫的必经通道，也是精子和卵子受精结合和开始卵裂的地方。

1. 输卵管的形态与位置

输卵管前 1/3 段较粗，称为壶腹部，为卵子受精场所。近子宫角一段较细，称为峡部。输卵管壶腹部与峡部连接处称为壶-峡连接部。输卵管前端靠近卵巢处扩大成漏斗状，称为输卵管漏斗，开口于腹腔，面积为 6 ~ 10 厘米^2，可接纳由卵巢排出的卵子。漏斗的边缘有许多不规则的皱褶，称为输卵管伞。输卵管漏斗的中央有通往腹膜腔

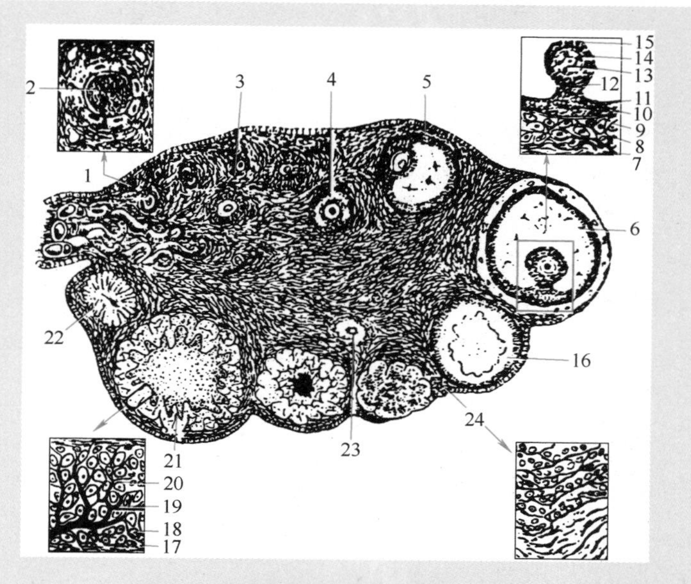

图 3-2　卵巢的组织结构

1—原始卵泡　2—卵泡细胞　3—卵母细胞　4—次级卵泡　5—生长卵泡
6—成熟卵泡　7—卵泡外膜　8—卵泡膜的血管　9—卵泡内膜　10—基膜
11—颗粒细胞　12—卵丘　13—卵细胞　14—透明带　15—放射冠
16—刚排过卵的卵泡空腔　17—由外膜形成的黄体细胞
18—由内膜形成的黄体细胞　19—血管　20—由颗粒细胞形成的黄体细胞
21—黄体　22—白体　23—萎缩卵泡　24—间质细胞

的门，称为输卵管腹腔口，是卵子进入输卵管的关口。输卵管的后端（子宫端）有输卵管子宫口，与子宫角相通。由于母羊的子宫角尖端较细，因此输卵管与子宫角之间无明显分界。

2. 输卵管的组织结构

输卵管管壁从外向内由浆膜、肌层和黏膜构成。浆膜包裹在输卵管的外面，形成输卵管系膜。肌层主要是环行平滑肌，可分为内层的环状或螺旋形肌束和外层的纵行肌束，其中混有的斜行纤维，可使整个管壁能协调地收缩。黏膜形成许多输卵管皱褶，皱褶上附着有柱状纤毛细胞，有助于运送卵子到达输卵管壶腹部。

3. 输卵管的功能

（1）运送卵子 卵子从卵巢排出后先到达输卵管伞，借纤毛的活动将其运输到输卵管漏斗和壶腹部，然后通过输卵管分节蠕动及逆蠕动、黏膜及输卵管系膜的收缩，以及纤毛活动引起的液流活动，经过输卵管壶腹部的黏膜壁后，到达壶-峡连接部，与精子会和，完成受精。

（2）分泌功能 母羊发情时，输卵管上皮的分泌细胞在卵巢激素的影响下，能分泌大量液体，内含各种氨基酸、葡萄糖、乳酸、黏蛋白及黏多糖，是精子、卵子及早期胚胎的培养液。输卵管及其分泌物的生理生化状况是精子及卵子正常运行、受精卵正常发育及运行的必要条件。

四、子宫

子宫是胚胎生长发育的场所，位于骨盆腔前部、直肠下方、膀胱上方。子宫口伸缩性极强。妊娠子宫由于面积和厚度增加，重量比未妊娠子宫能增大 10 倍。

1. 子宫的形态和位置

子宫为中空的肌质器官，富有伸展性，是胚胎生长发育的场所，以子宫阔韧带悬于腰下，大部分位于腹腔的右半部，小部分位于骨盆腔内。背侧为直肠，腹侧为膀胱，并与瘤胃背囊和肠管接触，两侧为骨盆壁。子宫前接输卵管，后连阴道，分为子宫角、子宫体和子宫颈 3 部分。子宫角基部之间有一纵隔，将子宫角分为左右两个。

（1）子宫角 母羊的子宫角左右各一个，长 10～12 厘米，呈弯曲圆筒状，均位于腹腔内。子宫角前部分开，两侧子宫角向前下方偏外侧盘旋卷曲，并逐渐变细，与输卵管相接。后部约 2.5 厘米处左右两角互相合并，被肌肉组织和结缔组织连接，表面包以腹膜，很像子宫体，故称为伪体。两子宫角后端汇合后延伸为子宫体。

（2）子宫体 子宫体长约 2 厘米，呈背腹略压扁的圆筒状，大部分位于骨盆腔，小部分位于腹腔。子宫体内膜呈灰红色，成年后呈褐黄色，绵羊子宫内膜上常有黑色素沉着斑点，但在妊娠期消失。

（3）子宫颈 子宫颈长约 4 厘米，由子宫体向后延伸而成，呈

圆筒状，位于骨盆腔内，前端接子宫体，后端通阴道。子宫颈管壁厚，中央有窄细的管道称为子宫颈管。子宫颈管前端开口于子宫体，称为子宫颈内口；后端凸入阴道，称为子宫颈阴道部，其中央有一口通向阴道，称为子宫颈外口。其子宫阴道部凸出于阴道腹侧壁上，子宫颈外口与阴道腹侧壁相平。

2. 子宫的组织结构

子宫壁由黏膜、肌层和浆膜构成。

（1）黏膜 黏膜又称为子宫内膜，由上皮和固有膜构成，上皮为柱状细胞，下陷入固有膜内构成子宫腺，其分泌物对早期胚胎有营养作用。固有膜也称为基质膜，非常发达，内含大量的淋巴、血管和子宫腺。子宫腺以子宫角最为发达，子宫体较少。子宫角和子宫体的黏膜呈灰红或蓝红色，除形成纵褶和横褶外，还具有特殊隆起，称为子宫阜。妊娠时子宫阜特别大，是胎膜与子宫壁相结合的部位，也是胎盘附着母体取得营养的地方。

（2）肌层 肌层又称子宫肌，由两层平滑肌构成：外层薄，为纵行的肌肉；内层厚，为螺旋形的环状肌肉。两肌层间有发达的血管层，内含丰富的血管和神经。在妊娠时肌层增生，在分娩过程中肌层的收缩具有重要作用。子宫颈的环形肌特别发达，是子宫的括约肌，分娩时括约肌张开。

（3）浆膜 浆膜又称子宫外膜，覆于子宫的表面。在子宫角的背侧和子宫体两侧形成的浆膜褶，称为子宫阔韧带或子宫系膜，与卵巢系膜相连，将子宫悬吊于腰下和盆腔前部，支撑子宫并使之能在腹腔内移动。妊娠时子宫阔韧带也随着子宫增大而加长变厚。在子宫阔韧带的外侧面有一发达的浆膜褶，称为子宫圆韧带。子宫阔韧带内有走向卵巢和子宫的血管，其中动脉有卵巢子宫动脉、子宫中动脉和子宫后动脉。

3. 子宫的生理功能

（1）参与受精 在发情期前，内膜分泌的前列腺素对卵巢黄体有溶解作用，以致黄体机能减退，在促卵泡素的作用下引起母羊发情。母羊发情时，子宫颈能分泌大量的黏液，是交配的润滑剂。交配后，子宫可借其肌纤维有节律、强而有力的收缩作用运送精液，使精子可能超越其本身的运行速率而通过输卵管的子宫口进入输卵管。另外，子宫内膜分泌物和渗出物，以及内膜进行糖、脂肪、蛋白质代谢的产物，可为精子获能提供良好的环境。

（2）为胚胎发育提供适宜场所 子宫是胎儿发育的理想场所，妊娠时子宫内膜的子宫阜形成母体胎盘，与胎儿胎盘结合成为胎儿和母体间交换营养和排泄物的器官。随着胎儿生长，子宫可在大小、形态及位置方面发生显著的变化。

（3）直接参与胎儿的分娩 子宫壁内层具有发达的环形肌，临近分娩时，子宫颈扩张，有利于胎儿的通过。在分娩过程中，子宫能够以其强有力的阵缩帮助胎儿娩出。

（4）优化受精精子质量 子宫颈黏膜所分泌的黏液可将一些精子导入子宫颈黏膜隐窝内，过滤、剔除缺损和不活动的精子，所以子宫还具有优化精子质量、防止过多精子进入受精部位的屏障功能。

五、阴道

阴道是交配器官和产道，是接受交配及胎儿产出的通道。

1. 形态及位置

阴道为上下稍扁的肌性管道，长约8厘米，位于骨盆腔内。其背侧为直肠，腹侧为膀胱和尿道，前接子宫颈，后通阴道前庭。

2. 组织结构

阴道壁由黏膜、肌织膜和外膜构成。黏膜呈粉红色，较厚，形成许多纵褶。在阴道前端，子宫颈阴道部的背侧形成一个环形隐窝，称为阴道穹隆。黏膜上皮大部分为复层扁平上皮（仅前部为单层柱状上皮），有利于减少交配时摩擦所造成的组织损伤。固有膜为疏松结缔组织，没有腺体。肌织膜为平滑肌，包括内环肌和外纵肌。外膜在前小部为浆膜，后大部为发达的结缔组织。

3. 阴道的生理功能

阴道在生殖过程中具有多种功能，除是交配器官外，也是交配后的精子贮存库，精子在此处聚集和保存，并不断向子宫供应精子。阴

道的生化和微生物环境能保护生殖道不遭受微生物入侵。阴道通过收缩、扩张、复原、分泌和吸收等功能，排出子宫黏膜及输卵管的分泌物，同时作为分娩时的产道。

六、外生殖器官

1. 阴道前庭

阴道前庭是交配器官和产道，也是排出尿液的道路，又称尿生殖前庭。阴道前庭前接阴道，两者以腹侧横行的黏膜褶——阴瓣为界；后端以阴门与外界相通。阴道前庭黏膜深部有前庭腺，能分泌黏液，内含吸引异性的气味物质，交配和分娩时分泌增多，有润滑作用。

2. 阴唇

阴唇分左右两片构成阴门，又称外阴，位于肛门下方，两阴门间的裂缝称为阴门裂。阴唇上下端的联合，分别称为阴唇背侧联合和阴唇腹侧联合。阴唇的外面是皮肤，内为黏膜，二者之间有阴门括约肌及大量结缔组织。

3. 阴蒂

在阴门腹侧联合的前方有一阴蒂窝，内有小而凸的阴蒂，与雄性动物的阴茎为同源器官，由海绵体构成。阴蒂具有丰富的感觉神经末梢，甚为敏感，若输精时给予适当刺激，有利于输精的顺利进行。

第二节　母羊发情

一、初情期与繁殖年龄

1. 初情期与性成熟

（1）初情期　母羊出生以后，身体的各部分不断生长发育，当达到一定年龄后，脑垂体开始具有分泌促性腺激素的机能，机体也随之发生一系列复杂的生理变化。母羊生长发育到一定年龄时，第一次表现发情和排卵的时期即为初情期，它是母羊性成熟的初级阶段。初情期以前，母羊的生殖道和卵巢增长较慢，不表现性活动和性周期。初情期后，随着第一次发情和排卵，生殖器官的体积和重量迅速增长，性机能也随之发育成熟。

母羊初情期的出现是由于垂体前叶促性腺激素的分泌，促卵泡素引起卵巢卵泡的发育，卵泡液中的雌激素激发雌性生殖道生长发育，当卵泡发育成熟时，促性腺激素的分泌量达到高峰，引起卵泡破裂和排卵。气候对母羊初情期的影响很大，一般南方母羊的初情期早于北方，早春产的母羊可以在当年秋季配种，而夏、秋季产的母羊则要到第二年秋季才能发情。初情期的出现与体重关系密切，并直接与生殖激素的合成和释放有关。营养良好时，母羊体重增长很快，生殖器官发育正常，初情期表现较早；反之，初情期则推迟。绵羊的初情期一般为6~8月龄，山羊一般为4~6月龄。

（2）性成熟　通常把已具备完整周期性的发情排卵表现的时期称为性成熟。母羊达到性成熟时，最显著的表现是具有协调的生殖内分泌机能，表现出有规律的发情周期和完全的发情征状，排出能受精的卵子。

性成熟期因母羊的品种、个体、饲养管理条件、气候等因素而存在一定的差异。在较好饲养条件下，山羊的性成熟期为4~6月龄，绵羊为7~8月龄。某些地方品种，如小尾寒羊，性成熟较早，为4~5月龄；细毛羊性成熟较晚，一般为8~10月龄；青山羊在2~3月龄即有发情征兆。母羊刚达到性成熟期时，其身体生长发育尚未完成，生殖器官的发育也未完善，过早妊娠就会妨碍自身的生长发育，产生的后代也可能体质较弱、发育不良甚至出现死胎，泌乳性能也较差。一般肉用山羊母羊在6~10月龄达性成熟，此时体重达到成年母羊体重的40%~60%。

2. 体成熟与初配年龄

（1）体成熟　体成熟是指母羊基本达到生长完成的时期。从性成熟到体成熟要经过一定的时间。早熟品种一般8月龄即达到体成熟，晚熟品种12~15月龄达到体成熟，母羊体成熟时的体重约为成年母羊体重的70%。

（2）初配年龄　母羊到性成熟时，并不等于已经达到适宜的配种繁殖年龄。母羊的初配年龄一般在8~18月龄，其中早熟品种为8~12月龄，晚熟品种为12~18月龄。初配年龄的确定，主要取决于体重发

育状况，要求初配体重达到成年母羊体重的70%以上。此时配种繁殖一般不影响母体和胎儿的生长发育。如果体重过小，即使达到初配年龄也不宜参加配种。配种过早对母羊本身及胎儿的生长发育都有影响，所以在体成熟以前不要配种。有些农户为了早得利，配种过早，导致羊群质量逐年下降。

由于初配年龄和养羊生产的经济效益密切相关。在掌握适宜的初配年龄情况下，不应该过分地推迟初配年龄，要做到适时、及时配种。

3. 繁殖年限

在生产上，母羊繁殖年限一般不超过7岁，个别有价值的羊可以利用到9岁，但繁殖最合适的年龄为2～6岁。羊的繁殖年限与饲养管理水平有很大关系。

二、发情周期

1. 母羊的发情周期

母羊达到性成熟年龄以后，其卵巢上出现了周期性的排卵现象，生殖器官也周期性地发生一系列的变化，这种变化按一定顺序循环进行，一直到性机能衰退以前，表现为周期性活动变化。通常把由上次发情开始到下次发情开始的期间，称为发情周期。

把前后两次排卵期间，整个机体及其生殖器官所发生的复杂生理变化过程称为一个发情周期。绵羊的发情周期一般为16～20天，山羊为14～21天。发情周期因品种、年龄、饲养条件、健康状况及气候条件等不同而有差异，如济宁青山羊发情周期为14～16天，萨能奶山羊为19～21天。营养良好的母羊或壮年母羊发情周期短，青年羊、老龄母羊或营养不良的母羊发情周期较长。

2. 发情周期的阶段划分

根据一个发情周期中生殖器官所发生的形态、生理变化和相应的性欲表现，将发情周期分为发情前期、发情期、发情后期和休情期4个阶段。

（1）发情前期　这一时期的特征是，上一次发情周期形成的黄体进一步呈退行性变化，逐渐萎缩，卵巢中有新的卵泡开始发育、增

大，子宫腺体略有增殖，生殖道轻微充血肿胀，子宫颈稍开放，阴道黏膜的上皮细胞增生，母羊有轻微发情表现，无性欲表现。

（2）发情期 发情期又称为发情持续期，这一时期卵泡发育迅速，外阴部充血、肿胀加剧，子宫颈开张，有较多黏液排出，在发情期末排卵。发情期卵泡发育很快并能达到成熟，卵泡分泌大量雌激素，使母羊发情表现最明显，接受公羊的交配或爬跨。绵羊发情期持续时间一般为24～36小时，山羊为24～48小时。母羊排卵一般在发情后12～40小时内，绵羊和山羊均属于自发性排卵动物，即卵泡成熟后自行破裂排出卵子。绵羊和山羊的排卵时间分别在发情开始后24～27小时和24～36小时。

（3）发情后期 这个时期，母羊由发情盛期转入静止状态。生殖道充血逐渐消退，蠕动减弱，子宫颈封闭，黏液量少而稠，发情征状逐渐消失，不再接受公羊交配。发情后期，卵子排出，破裂的卵泡开始形成黄体。

（4）休情期 休情期又称间情期，为下次发情到来之前的一段时期。休情期母羊的交配欲已完全停止，其精神状态已恢复正常，卵巢上的黄体形成，并分泌孕激素，生殖器官的生理状态稳定。

三、发情期母羊行为和生殖道分泌物变化

1. 行为变化

母羊发情时，发育的卵泡分泌雌激素，在少量孕酮的协同作用下，可刺激神经中枢，引起兴奋，使母羊表现出兴奋不安，对外界的刺激反应敏感，常表现为鸣叫、举尾及拱背、频频排尿及食欲减退，喜欢主动寻找和接近公羊，摆动尾部，后肢叉开，后躯朝向公羊，表现为愿意接受公羊交配，当公羊追逐或爬跨时站立不动。泌乳母羊发情时，表现为泌乳量下降，不照顾羔羊。性欲是母羊愿意接受公羊交配的一种行为。在发情初期，性欲表现不太明显，以后逐渐显著。排卵以后，性欲逐渐减弱，到性欲结束后，母羊则抗拒公羊接近和爬跨。

2. 生殖道变化

在发情周期中，在雌激素和孕激素的共同作用下，母羊生殖道也

会发生周期性的生理变化，为交配和受精做准备。母羊发情时，由于卵巢上卵泡迅速增大并发育成熟，雌激素分泌量增多，强烈刺激生殖道，使血流量增加，母羊外阴部充血、肿胀、柔软而松弛，阴蒂充血勃起，阴道黏膜充血、潮红、湿润并有黏液分泌，上皮细胞增生，前庭腺分泌增多，子宫颈开放，子宫蠕动增多，输卵管的蠕动、分泌和上皮纤毛的波动也增强。

四、发情期母羊卵巢变化

1. 发情羊卵巢卵泡变化

母羊发情时卵巢上卵泡发育情况可分为卵泡出现期、卵泡发育成熟期和排卵期。

（1）卵泡出现期　发情前期，羊卵巢上有新的卵泡开始发育、增大，此时，母羊有轻微发情表现，无性欲表现。

（2）卵泡发育成熟期　此期卵泡发育很快并能达到成熟，卵泡分泌大量雌激素，使母羊发情表现最明显，接受公羊的交配或爬跨。绵、山羊均属于自发性排卵动物，即卵泡成熟后自行破裂排出卵子。

（3）排卵期　发情后期，卵子排出，破裂的卵泡开始形成黄体，生殖道充血逐渐消退，蠕动减弱，子宫颈封闭，黏液量少而稠，发情征状逐渐消失，不再接受公羊交配。

2. 发情期母羊卵巢变化

母羊发情开始前，卵巢卵泡已开始生长，卵泡期黏液增多，末期黏液稠如胶状且量较少。发情前 2 ~ 3 天卵泡发育迅速，卵泡内膜增生，到发情时卵泡已发育成熟，卵泡液分泌不断增多，使卵泡容积更加大，此时卵泡壁变薄并凸出卵巢表面，在促黄体素的作用下促使卵泡壁破裂，致使卵子被排出。

绵羊的排卵发生于发情后 24 ~ 27 小时，山羊的排卵发生于发情后 24 ~ 36 小时；排卵数因品种而异。成熟卵泡相对卵巢体积较大，直径可达 10 毫米，凸出于卵巢表面呈半球形，排卵后卵泡腔无出血现象。黄体形成较快，排卵后 30 小时便可形成黄体，6 ~ 8 天达最大体积，在发情周期的第 14 天左右开始退化。

五、发情周期调节机制

当母羊进入初情期时，发情周期便开始了。发情周期中，母羊的生殖器官和性行为发生一系列明显的周期性变化，一直到绝情期为止。

羊的发情周期受复杂的神经内分泌和外界环境因素调控。外界因素可经不同途径作用于下丘脑，引起促性腺激素释放激素的合成和释放，从而刺激促卵泡素和促黄体素的产生和释放。促卵泡素和促黄体素共同促进卵泡的生长发育，并刺激其产生雌激素。雌激素与促卵泡素协同作用，使颗粒细胞的促卵泡素和促黄体素受体增加，致使卵巢对这两种激素的敏感性增强，从而进一步促进卵泡的发育和雌激素的分泌，引起发情表现。雌激素含量达到一定值时，会通过负反馈作用于下丘脑或垂体，抑制促卵泡素的释放，同时刺激促黄体素的释放，出现排卵前促黄体素峰值，引发排卵。

排卵后，颗粒细胞形成黄体并分泌正反馈作用孕酮，同时，腺垂体促乳素（PRL）的释放量增加。促乳素和促黄体素促进和维持黄体分泌孕酮。孕酮对下丘脑和垂体产生负反馈作用，抑制促卵泡素的分泌，使卵泡发育停滞，此时羊不表现发情。同时，孕酮也作用于生殖道及子宫，使其黏膜增厚，分泌子宫乳，有利于胚胎附植。如果排出的卵子受精，前列腺素 F2α 的产生受到抑制，黄体功能得到维持并成为妊娠黄体。相反，如果卵子未受精，则黄体维持一段时间后，便在子宫产生的大量前列腺素 F2α 作用下逐渐萎缩退化，孕酮分泌量也急剧下降，促性腺激素释放激素的释放量又开始增加，新的卵泡又开始生长发育，开始一轮新的发情周期。但开始时，由于黄体未完全退化，促卵泡素的浓度不高，卵泡未充分发育便开始闭锁，不表现明显的发情征兆。随着黄体的完全退化，促卵泡素和促黄体素的浓度逐渐增大，卵泡迅速发育，又开始发情。发情周期如此周而复始。

六、影响母羊发情表现的因素

母羊发情后，如果配种受精，便开始妊娠，发情周期自动终止。如果没有配种或配种后未受胎，便继续进行周期性发情。影响母羊周期性发情或发情周期的因素很多，除环境因素外，遗传因素和饲养管

理条件对发情周期也有影响。

1. 遗传因素

遗传因素对发情周期的影响主要表现在：不同动物种类、同种动物不同品种及同一品种不同家系或不同个体间的发情周期长短不一。例如，安哥拉山羊和 Mossi 山羊发情持续期最短，分别只有 22 小时和 20 小时，波尔山羊的平均发情持续期比较长，可达到 37 小时，而马头山羊可达 58 小时。

2. 环境因素

（1）光照　光照是生命过程中的极重要环境因子之一，能够引发动物机体的各种生态学反应。光照时间的变化对羊等季节性发情动物的发情周期影响比较明显，可显著影响羊的发情，其主要通过调节松果体褪黑激素的生理周期性分泌来进行调控。大量研究证明，褪黑激素可通过激活或抑制 HPG 轴（下丘脑-垂体-性腺轴）来调控繁殖。在绵羊非繁殖季节模拟繁殖季节的光照信息或给予外源性褪黑激素模拟繁殖季节的激素信号，可使绵羊排卵并发情。自然条件下，绵羊的性活动显著受光照长短的影响，发情季节发生于光照时间最短的季节，称为短日照动物。虽然有一些品种的绵羊如小尾寒羊、湖羊长年发情，但其群体发情率、个体排卵数仍是在日照时间由长变短的秋季最高。春夏两季的长光照对绵羊生殖活动起着协调内源节律的作用，从而使绵羊在秋季自发启动生殖活动。对雄性绵羊进行的试验也证明，只有经受一段时间的长日照后，皮下埋植褪黑激素才能引起睾丸的重新发育。

（2）气温和湿度　气温几乎对所有动物的发情都有影响。绵羊发情周期对温度的敏感性虽不及对光照的敏感性高，但温度也可影响其发情周期。而且，高温环境会在显著增加促肾上腺皮质激素分泌的同时明显降低血液 17-β-雌二醇的水平，显著抑制家畜的发情频率、发情强度及持续时间等，对发情行为形成明显抑制。研究表明，高温可显著降低羊的性行为能力，并减缓胎儿的生长，但对羊的发情周期、孕酮含量影响不大。研究表明，实际生产中母羊发情较为适宜的环境温度为 7～24℃，过高或过低都会对发情产生影响。

高温可以抑制绵羊发情，而高温往往与高湿联系在一起。在高温

季节，如果湿度也很高，不利于机体的散热，则可加剧高温对发情的抑制程度。空气湿度主要通过温湿指数来影响发情，温湿指数会随空气湿度的增加而增加，因此空气湿度会加重高温对发情的影响。对奶牛的研究发现，当处于高温高湿环境时，其发情行为强度、爬跨次数、持续时间会显著减弱，如果这种环境应激进一步加剧，则表现为不发情。

（3）营养水平 饲养管理水平对发情的影响，主要体现为营养水平及某些营养因子对发情的调控。有研究表明，能量水平长期不足不仅会推迟后备母羊的初情期，而且还会导致成年母羊产后乏情甚至不发情，使母羊的平均产仔间隔延长，繁殖率降低。这是因为营养不足可抑制下丘脑促性腺激素的分泌，同时使垂体对生理剂量的促性腺激素反应性降低，阈值升高，进而抑制发情。

膘情体况过差时，不利于发情。在发情季节到来之前的适当时期，加强饲养管理并进行补饲，短期优饲，不仅可以适当提早发情季节，而且可以增加产羔率。但如果营养水平过高导致母羊过肥，也不利于发情。如能量过高可以导致母羊内分泌紊乱，造成发情不正常；过于肥胖则会导致难于配种，同时由于腹腔内子宫脂肪沉积过多，会对子宫产生压迫，影响子宫血流并降低母羊的妊娠及胎儿的生长发育。此外，饲料中的蛋白质、脂肪、矿物质和碳水化合物除提供动物维持机体正常生长、发育及代谢所必需的营养外，其中的某些生物活性物质对母羊的发情有直接影响。如氯化钠可以使发情期提前，磷缺乏可以使母羊的产后发情推迟，钴缺乏可导致发情紊乱，锰缺乏可以使发情停止等。豆科和葛科等植物中存在的具有雌激素活性的生物碱，对母羊具有催情作用。

（4）公羊效应 所谓公羊效应，就是当处于非繁殖期的母羊受到正常公羊介入时，会出现促黄体素分泌增多并导致排卵的现象。公羊可通过对母羊的追逐、散发的气味、特有的叫声及雄性特有的体形使母羊发情行为强烈化，但对发情周期及发情持续时间影响较小。对山羊和绵羊而言，无论母羊处于乏情期还是因泌乳而处于非生殖阶段，陌生公羊的突然介入都可以诱导母羊排卵。这可能由公羊被毛中

含有的信息素刺激母羊而引起促黄体素释放和排卵所致。因此，在山羊和绵羊养殖中，可以利用公羊效应使母羊群体进行同期发情。

(5) 饲养管理　在卵泡发育的开始阶段，剪羊毛会显著降低发情行为的表达，这可能是因为所剪羊毛对母羊来说是一种信息素的来源，也可能是由于剪毛引起促黄体素降低所致。运输也会影响发情，如绵羊的运输会改变发情周期的长度，甚至会导致发情的延迟，这是由于运输所产生的应激会抑制促性腺激素释放激素和促黄体素的分泌。改变管理模式也会导致发情变化。

总之，外界因素对母羊发情内分泌的影响主要是通过神经系统实现的。外界因子对母羊发情的影响首先是对神经系统的影响，主要通过干扰 HPA 轴（下丘脑-垂体-肾上腺轴）和 HPG 轴（下丘脑-垂体-性腺轴）激素的分泌进而影响繁殖，具体来说就是通过干扰促性腺激素释放激素和促黄体素的分泌来影响卵巢孕酮和雌激素的分泌，进而抑制排卵和性行为表现。

当前，对卵泡产生及排卵的调控、群体影响的内部机制及季节性繁殖的细胞分子机制等方面的研究不断受到重视。该方面技术的发展也将促进利用非激素处理的人工输精技术来满足不断增长的市场需要。因此，研究利用营养补饲、公羊效应、光照调控等非激素处理的手段来调控母羊的发情行为以适应当前羊生产的需要，越来越成为研究者们关注的焦点。

第三节　同期发情

同期发情就是利用某些激素和类激素物质，人为地控制和调控母羊自然的发情周期，使它们在特定的时间内同期发情。同期发情有利于推广人工输精，集中配种，缩短配种季节，节省大量的人力和物力。同期发情、同期配种、同期产羔也便于生产的组织和管理。因此，规模化同期发情处理技术是现代化、工厂化养羊不可缺少的技术手段之一。

一、同期发情的处理方法及其操作

羊同期发情的处理方法主要有前列腺素处理法、孕激素处理法和

孕酮激素+促性腺激素法 3 种。

1. 前列腺素处理法

应用前列腺素抑制黄体，加速其消退，从而使黄体期中断，停止分泌孕酮，再配合使用促性腺激素引起发情。具体方法：在母羊性周期的黄体期，肌内注射 1 次或连续 2 天各注射 1 次前列腺素，或在非黄体期间隔 7～10 天各注射 1 次前列腺素，每次的注射量为 0.2～0.4 毫克；第二次注射后的 24 小时，分别肌内注射 400 单位马绒毛膜促性腺激素、50 单位促卵泡素或 20 单位促黄体素各一次。第二次注射前列腺素后的 60 小时内，大部分羊就能同期发情。

为了提高母羊的同期发情率，第一次发情的母羊可不参加配种。可于第一次给母羊注射氯前列烯醇后 10～14 天再注射一次氯前列烯醇，注射剂量同第一次，在第二次注射后 2～3 天，母羊发情率可达 90% 以上。该方法只对正处于繁殖季节具有自然发情周期的母羊有效，对处于非繁殖季节或乏情期的母羊没有效果。

2. 孕激素处理法

利用外源孕激素继续维持黄体分泌孕酮的作用，造成人为的黄体期而达到发情同期化。孕激素给药处理的方法有口服、肌内注射、皮下埋植和阴道栓法等，常用的是阴道栓法。

(1) 孕激素（主要是孕酮）**+马绒毛膜促性腺激素法** 将埋植之日作为第 0 天，绵羊于孕酮栓埋植的第 12～14 天撤栓，山羊于孕酮栓埋植的第 16～18 天撤栓，每只羊在撤栓前一天肌内注射马绒毛膜促性腺激素 250～400 单位。此方法最大的优点是母羊发情集中程度高，绵羊撤栓 48 小时的发情率可达 90%，山羊可达 95% 以上。在实际生产中，为减少抓羊次数，也可在撤栓同时肌内注射马绒毛膜促性腺激素。

目前所使用的孕酮栓主要有两种：一种是呈圆柱状的海绵栓（图 3-3），另一种是呈“Y”字形的 CIDR（图 3-4）。CIDR 较海绵栓对孕酮具有更强的缓释作用，但价格较海绵栓高，多用于胚胎移植中供体羊的同期发情处理。供体羊同期处理过程中，为保证效果，可根据需要的总埋栓时间，在埋栓 1 周时换栓一次。

图 3-3　海绵栓

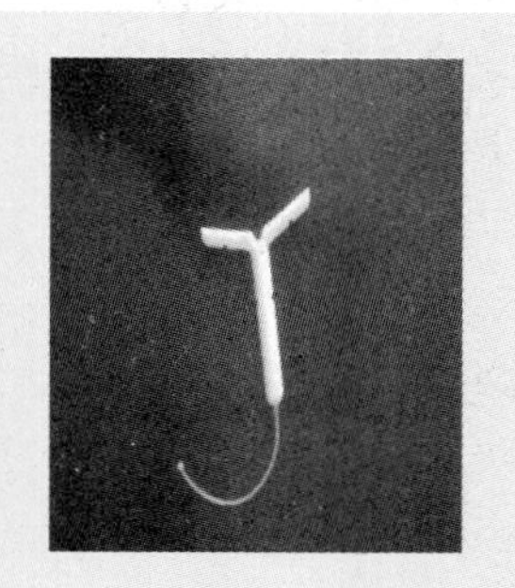

图 3-4　CIDR

埋植海绵栓时，可用埋植工具（图 3-5）或直接用手指埋植；埋植 CIDR 时，需要专用的埋栓工具——放栓枪（图 3-6）将其送入母羊阴道内。

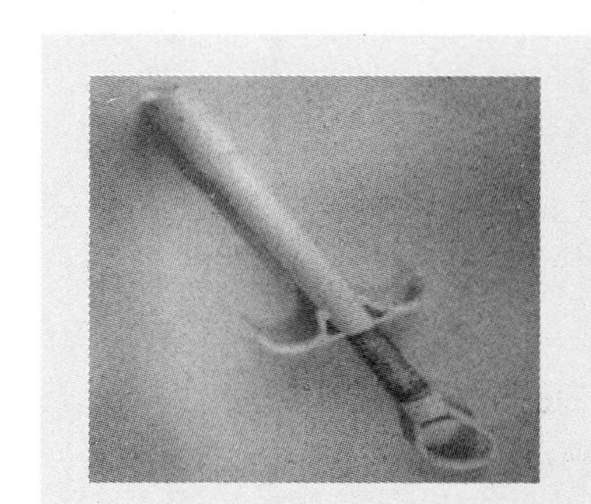

图 3-5　海绵栓埋植工具

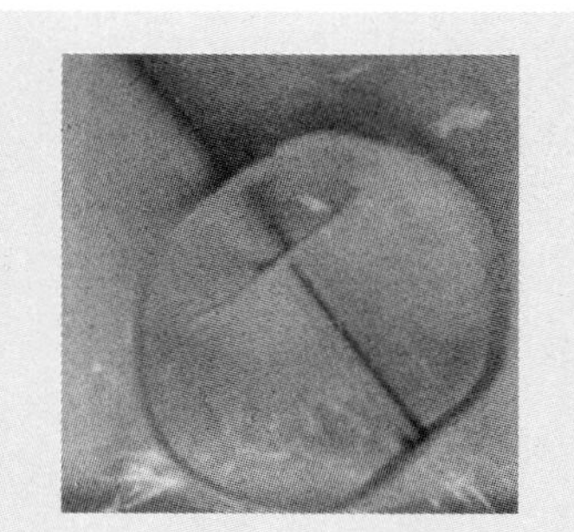

图 3-6　放栓枪

将充分浸油的海绵栓，从外套管的弧形缺口处放入外套管的前端，并将海绵栓的线置于装栓管的外侧，内推杆从装栓管的后端推入，前端接触到海绵栓为止，然后用一只手在外套管的后端直接握紧内推杆和外套管，使两者不能产生相对滑动。

保定母羊使其自然站立，将装有阴道栓的埋植器向上倾斜 20 度角，缓缓插入羊阴道，使外套管前端到达羊阴道的底部，用一只手顶住内推杆的后端，另一只手固定住外套管露在羊阴道外面的部分，将

外套管向外撤出10厘米左右，然后将孕酮栓的外套管及内推杆一并撤出，完成孕酮栓的埋植。如果连续给母羊埋栓，将导入管抽出浸入消毒液消毒后可以继续使用。

也可使用肠钳埋栓，方法是将母羊固定后，用开膣器打开阴道，用肠钳将含有抗生素的阴道栓放入阴道内10～15厘米处，使阴道栓的线头留在阴道外即可。青年羊阴道窄，使用埋栓器时若有困难，可改用肠钳法，甚至可用手指将海绵直接推入阴道内。

埋栓时，应当避免现场尘土飞扬，以免污染阴道栓；母羊埋栓期间，若发现孕酮栓脱落，要及时重新埋植；撤栓时，用手拉住孕酮栓的外露线头缓缓向后下方拉，直至将栓拉出，或用开膣器打开阴道，用肠钳取出。

撤栓时，阴道内有异味或黏液流出，属正常情况，如果有血、脓，则说明阴道内有破损或感染，应立即使用抗生素处理。取栓时，若阴门处不见有线，可以借助开膣器观察细线是否缩进阴道内，如见阴道内有细线，可用长柄钳夹出，遇有粘连时，必须轻轻操作，避免损伤阴道。撤栓后用10毫升3%的土霉素溶液冲洗阴道。

（2）孕激素（主要是孕酮）+氯前列烯醇法 给空怀母绵羊阴道埋植孕酮栓12～14天，山羊阴道埋植孕酮栓16天，在撤栓的同时肌内注射氯前列烯醇。该方法的同期率低于孕激素+马绒毛膜促性腺激素法，但由于氯前列烯醇价格较马绒毛膜促性腺激素低，因此其药品成本低于孕激素+马绒毛膜促性腺激素法。

另外，单纯给母羊注射雌激素，如雌二醇、雌酮、雌三醇及合成激素己烷雌酚、己烯雌酚和苯甲酸雌二醇等，也可以诱导乏情母羊有发情表现。但采用这种处理方式而发情的母羊，卵巢上并不发生卵泡破裂排卵，因而母羊配种或人工输精后的受孕率很低。若希望母羊同期发情后可配种受孕，不建议采用注射雌激素或三合激素进行同期发情处理。

二、影响羊同期发情效果的因素

同期发情技术是提高羊繁殖率和养羊生产管理水平的一项有效技术措施，已广泛应用于养羊业生产。影响羊同期发情效果的因素较多，其中季节、体况、环境、品种、药物的选择和使用，均会对同期

发情效果产生影响。

1. 季节

不同季节对羊发情有着较大影响，受光照影响，对于季节性发情动物而言，秋、冬季发情率要高于春、夏季。山羊多数为季节性发情，绵羊品种如细毛羊、蒙古羊等，也表现为季节性发情。

2. 体况

良好的体况对绵羊的繁殖是非常重要的，在配种前及配种期，母羊应饲喂足够的蛋白质、维生素和微量元素等营养物质。当母羊体况差时，其生殖内分泌水平也相应受到影响，机体对同期发情处理用激素的反应与体况好的母羊比具有显著差异。母羊的膘情直接影响同期发情的效果，中等以上的羊的同期率显著高于膘情较差的个体。在生产中，母羊的营养状况非常重要，一定要对膘情差的羊先进行补饲。

因此，在生产实践中，为了提高羊同期发情的效果，除了选用适宜的方法之外，还要综合考虑羊的品种、年龄、生理状态，同期发情实施的季节，以及激素的种类、剂量、用药方法等。

三、同期发情处理应注意的事项

大量研究表明，孕酮栓法无论从同期发情率，还是受胎率均要优于氯前列烯醇。采用阴道栓、马绒毛膜促性腺激素和前列腺素结合的处理方法，同期发情效果要优于单一的同期发情方法。从生产操作、经济等方面综合考虑，孕酮栓 + 马绒毛膜促性腺激素法是目前最为理想的羊同期发情的方法。采用阴道栓法进行同期处理，埋栓时要注意消毒处理，防止粘连和炎症发生；要多注意观察是否有栓掉出，必要时及时更换。

前列腺素处理只对正处于繁殖季节、具有自然发情周期的母羊有效，对处于非繁殖季节或乏情期的母羊没有效果。前列腺素对处于发情周期 5 天以前的新生黄体溶解作用不大，因此前列腺素处理法对少数母羊无作用，应对这些无反应的羊进行第二次处理。还应注意，由于前列腺素有溶解黄体的作用，已妊娠母羊会因孕激素减少而发生流产，因此要在确认母羊属于空怀时才能使用前列腺素处理。

不同的品种在不同季节，它们的不同处理方案也都有所不同，要综合药物与季节对羊的作用效果，以及经济效益等因素进行分析，选择最佳的方案。

第四节 母羊发情鉴定的主要方法

随着现代化养殖技术的发展，集约化、规模化养殖场得到迅速发展。家畜的发情鉴定在繁殖管理中具有重要地位，通过发情鉴定即可以判断家畜发情是否正常，还可以判断家畜的发情阶段，以便确定配种时间，从而提高受胎率。母羊发情时多有异常行为表现，其生殖器官也会发生相应变化，羊的发情行为表现及生殖器官的外阴部变化和阴道黏液是直观可见的，是发情鉴定的几个主要征状。母羊发情鉴定一般采用外部观察法、阴道检查法、公羊试情法等几种。

一、外部观察法

外部观察法主要通过直接观察母羊精神状态、外部表现和生殖器官的变化，从而判断其是否发情和发情程度，是鉴定母羊是否发情最基本最常用的方法。发情母羊常表现为兴奋活跃，对外界的刺激反应敏感，鸣叫不安，举尾拱背，频繁排尿，食欲减退，反刍和采食时间明显减少；放牧的发情母羊离群独自行走，喜主动寻找和接近公羊，愿意接受公羊交配，并摆动尾部，后肢叉开，后躯朝向公羊，当公羊追逐或爬跨时站立不动。泌乳母羊发情时，泌乳量下降，不照顾羔羊。发情母羊外阴部充血肿胀，由苍白色变为鲜红色，阴唇黏膜红肿；阴道间断地排出鸡蛋清样的黏液，初期较稀薄，后期逐渐变得浑浊黏稠；子宫颈松弛开放；卵泡发育增大，到发情后期排卵。羊的发情期短，外部表现不明显，因此常结合试情法进行羊的发情鉴定。

二、阴道检查法

阴道检查法是应用阴道开张器插入母羊阴道，观察其阴道黏膜的色泽和充血程度、子宫颈的弛缓状态、子宫颈外口开口的大小，以及黏液的颜色、分泌量及黏稠度等，以判断母羊的发情程度。如果阴道黏膜的颜色潮红充血、黏液增多，子宫颈变松弛等，可以判定母羊已发情。此外，阴道的周期性充血与排卵有一定联系。有些性状如子宫颈管开放程度的变化可作为很好的判断依据，再结合其他性状变化可以提高发情鉴定的准确性。但是这种方法不能准确地判断母羊的排卵

时间，只能在必要时作为辅助性的检查手段。在检查时，所用器械要经灭菌消毒，插入时要小心谨慎，以免损伤阴道壁。

由于基础学科的发展，阴道检查法所凭借的不少生理性状得到了科学验证，如黏液的涂片结晶法已成为独立的发情鉴定方法。

三、公羊试情法

公羊试情法是用公羊对母羊进行试情，根据母羊对公羊的行为反应，结合外部观察来判定母羊是否发情。发情时，母羊通常表现为愿意接近公羊，弓腰举尾，后肢开张，频频排尿，有求配动作等；而不发情或发情结束后则表现为远离公羊，当强行牵拉接近时，往往会出现躲避，甚至踢、咬等抗拒行为。试情法简易可行，具有相当高的准确性，而且，试情公羊还具有促进母羊发情和排卵的作用。

试情公羊要求性欲旺盛，营养良好，健康无病，一般选用 2～4 岁体质健壮、性欲旺盛、无恶癖的非种用公羊。一般每 100 只母羊配备 3～5 只试情公羊，试情时可分批轮流使用。在配种期内，每天定时（清晨 1 次或上、下午各 1 次）将试情公羊放入母羊群中，让公羊自由接触母羊，将接受公羊爬跨或被试情公羊追赶的发情母羊及时抓出，但不要让试情公羊与母羊交配。

试情期间适当添草补料，保证试情公羊精力充沛。试情时将母羊置于地面干燥、环境安静的试情圈内，试情圈大小以每只羊 1.2～1.5 米^2 为宜，圈大羊少会增加试情公羊的负担，圈小羊多容易漏选、错选发情母羊。将试出的发情母羊转入另一空圈内。试情结束后，最好选用另一只试情公羊，对全部挑出的发情母羊重复试情 1 次。试情期间，安排专人在羊群中走动，把密集成堆或挤在圈角的母羊轰开。不用时要将试情公羊关好，避免混入母羊群内。

试情公羊处理可采用戴试情布法、切除输精管法、睾酮处理法等。试情布可采用长 60 厘米、宽 40 厘米的细软白布，四角缝上布带，拴在试情公羊腰部，将阴茎兜住，使其不能与母羊直接交配，但不影响公羊爬跨和射精。每次试情完毕，要及时解下试情布，洗净晾干。

切除输精管法是选择 1～2 岁健康公羊，多在 4～5 月进行手术，此时天气凉爽，无蚊蝇叮咬，伤口容易愈合。切除时使公羊左侧卧，

由助手保定（取术者操作方便姿势），对术部进行消毒，必要时可用局部麻醉，然后在睾丸基部（触摸精索有坚实感）找到输精管，用拇指和食指捻转捏住，或用食指紧压皮肤，切开术部皮肤和鞘膜，露出输精管，用已消毒的钳子将输精管带出创面，分离出结缔组织和血管，减去4~5厘米长的输精管（如果剪得过少，愈合时有可能粘连），剪完在术部撒抗生素粉后，缝合伤口。重复另一侧输精管切除手术。通常术后2~3天公羊即可恢复性欲和正常爬跨行为。术后恢复的试情公羊输精管内残存的精子完全排净至少需要6周时间，在此之前要避免公羊接触母羊。为防止错配，正式试情前最好采精1次，检查精液中无精子存在后，方可正式用于试情。

睾酮处理法是利用注射或埋植睾酮的方法对由于睾丸被摘除而不再表现性行为的羯羊加以处理，引发羯羊恢复雄性行为，作为试情公羊用。经过此法处理的羊，不具有精子发生过程，但有雄性行为，试情利用强度不如前两种方法。可选择适宜的1岁以上的羯羊，皮下注射150毫克丙酸睾酮，1周1次，连续注射3次。如果计划配种全期使用，可每隔两周再补充注射1次，剂量仍为150毫克。

四、公羊瓶试情法

在公羊不充足的情况下，可以用公羊瓶试情法来挑选发情母羊。公羊瓶制作方法：选择广口磨砂盖玻璃瓶，空瓶用前应洗净、消毒、干燥。取1条毛巾，洗净并消毒。选取2~4岁身体健康、性欲旺盛的个体，用处理过的热毛巾用力揩擦其角基部与耳根之间的部位，然后将毛巾放入玻璃瓶中。试情技术人员将玻璃瓶放在待试母羊群内，打开盖，将瓶口靠近母羊鼻部，有求偶欲望被吸引过来的母羊为发情母羊，没有求偶欲望未被吸引过来的母羊为未发情母羊。其原理是，在公羊的角基部和耳根之间能够分泌出一种性诱激素，发情母羊对这种激素的气味很敏感，据此可以判断母羊是否发情。

五、数字化的检测技术

利用数字化的检测技术进行发情检测，主要是基于数字设备采集和记录母羊个体在发情周期内身体物理参量（体温、活动量、呼吸频次、内分泌、采食量、产奶量、心跳频率等）的变化，作为数字

检测发情的基础数据。目前，数字化发情鉴定技术在奶牛上应用较多。数字发情检测设备主要有计步器、加速度传感器、自动图像处理技术、RFID 技术、音频识别技术、位置控制技术等。2010 年，C. Maton 等主要利用 RFID 射频技术通过在母羊的尾部安装 RFID 芯片，在公羊背部安装识别器，在前腿安装无线接收器对羊的性行为与发情情况进行了检测。母羊在接受爬跨时电子芯片被识别，爬跨的时间和日期将被传输到电脑。该技术要对公羊进行阴茎倒置，并且电子芯片必须存在尾部，才方便接收信号识别。

第五节 影响发情鉴定检出率的因素

母羊在整个发情期都伴随着生殖器官的组织变化和内源激素及外表行为的变化。许多因素如光照变化、品种及年龄、群体密度及群内等级、环境温湿度、营养水平、公羊效应及饲养条件等都会影响母羊的生殖激素分泌、发情行为的启动、发情表现及发情时长等，进而影响发情检出率。

一、母羊因素

有些母羊由于雌激素分泌不足，发情行为表现较弱，发情时缺乏明显的发情表现，甚至静默发情；有的个体由于发育中的卵泡迅速成熟并破裂排卵，以及卵泡突然停止发育或发育受阻而缩短了发情期。如不注意观察，极容易错过配种期。同时，母羊体况、疾病等也可能影响母羊发情行为的表现强度，从而影响母羊发情检出率。

二、环境因素

母羊的发情行为受环境影响较大，发情行为的表现模式可随着温度、爬跨的频率，以及由于热、中等或冷的气候环境的不同而有变化。另外，Doney 等研究表明，高湿环境虽对发情的启动有影响，但不会明显降低母羊的排卵数；围栏大小也会影响其繁殖性状，较小的围栏可改善母羊发情行为，提高母羊寻找公羊的机会并增加公羊与母羊交配的可能。

第四章 人工输精技术

第一节 公羊的生殖器官

一、公羊生殖器官的组成

公羊的生殖器官（图 4-1）由睾丸、附睾、输精管、尿生殖道、副性腺、阴茎、包皮和阴囊等组成。

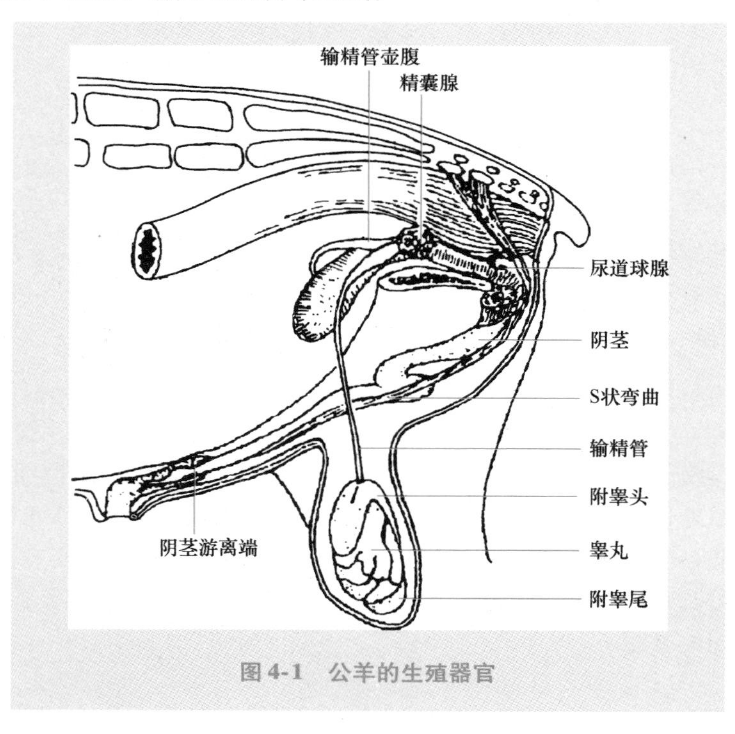

图 4-1 公羊的生殖器官

二、睾丸

睾丸呈椭圆形，主要功能是生产精子和分泌雄性激素。它和附睾被白色的致密结缔组织膜（白膜）包围，白膜向睾丸内部延伸，形成许多隔膜，将睾丸分成许多小叶。每个睾丸小叶有3~4条弯曲的精细管（产生精子的地方），称为生精小管，这些生精小管到睾丸纵隔处汇合成为精直小管，精直小管在纵隔内形成睾丸网。睾丸小叶的间质组织中有血管、神经和间质细胞，间质细胞产生雄性激素。

1. 睾丸的形态（图4-2）

正常雄性绵羊和山羊的睾丸均成对存在，分左右两个，呈稍扁的长椭圆形，单侧睾丸重分别为200~300克与145~150克，长度分别为14厘米与10厘米。睾丸的长轴与躯体的长轴垂直。睾丸的上端为血管、神经进出端，称为睾丸头，有附睾头附着；下端为睾丸尾，有附睾尾附着。在胚胎时期，睾丸位于胎儿腹腔中肾脏的附近，出生前后，睾丸和附睾一起经腹股沟管下降到阴囊中，这一过程称为睾丸下降。如果有一侧或两侧睾丸未下降到阴囊，则分别称为单睾或隐睾，这种公羊生殖能力较弱或没有生殖能力，不能作为种用。

2. 睾丸的组织结构

睾丸表面光滑，被覆以浆膜（即固有鞘膜）。在浆膜下层，与之紧密相连的是由厚而坚韧的致密结缔组织构成的白膜，将睾丸实质包于其内。由于白膜缺乏弹性，睾丸内部不断有液体和精子形成，因而压力较大，使睾丸有坚实感。白膜的结缔组织从睾丸头端伸入睾丸内形成贯穿睾丸长轴的睾丸纵隔，自睾丸纵隔分出许多呈放射状排列的睾丸小隔，将睾丸实质分为许多锥形的睾丸小叶。在每个睾丸小叶内有2~3条弯曲的生精小管（图4-3），小管之间为间质。生精小管的管壁由基膜和多层上皮细胞组成。上皮细胞可分为产生精子的生精细胞和支持、营养生精细胞的高柱状或圆锥状支持细胞。

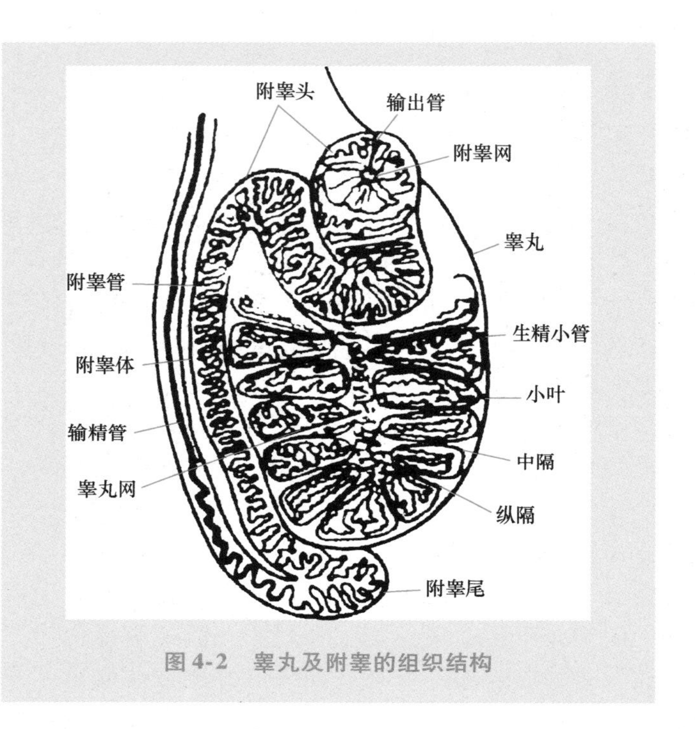

图 4-2　睾丸及附睾的组织结构

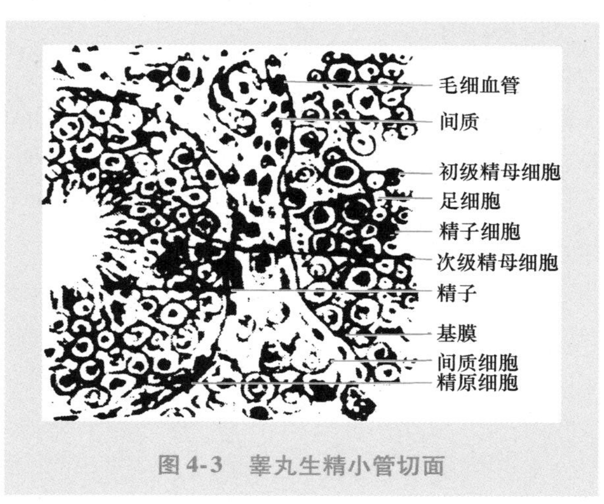

图 4-3　睾丸生精小管切面

3. 睾丸的功能

（1）生精机能　性成熟后的公羊体内生精小管的生精细胞可依次分裂为精原细胞、初级精母细胞、次级精母细胞和精子细胞4个发育阶段，并最终形成精子贮存于附睾。公羊的每克睾丸组织平均每天可产生精子2400万~2700万个。

（2）分泌雄激素　睾丸间质细胞分泌的雄激素具有促进公羊生殖器官的发育和精子的产生，延长附睾内精子的寿命，激发第二性征、性欲及性行为等功能。

（3）产生睾丸液　精细管和睾丸网可产生大量的睾丸液，其中含有较高浓度的钙、钠等离子和少量的蛋白质成分，具有维持精子的生存和促进精子向附睾头部移动的功能。

三、阴囊

1. 阴囊的形态

阴囊为位于两股之间、呈袋状的皮肤囊，内藏睾丸、附睾及部分精索。阴囊上端狭窄部称为阴囊颈，下面游离部称为阴囊底。阴囊表面有短而稀的毛，内含丰富的皮脂腺和汗腺；正中有一条阴囊缝，将阴囊从外表分为左右两部分。

2. 阴囊的组织结构

阴囊（图4-4）由外向内依次分为阴囊皮肤、肉膜、精索外筋膜、精索内筋膜和鞘膜（分为壁层和脏层），精索内筋膜和鞘膜的壁层共同形成总鞘膜，总鞘膜折转而覆盖于睾丸和附睾上，成为固有鞘膜。总鞘膜与固有鞘膜之间的腔隙称为鞘膜腔，内有少量浆液。鞘膜腔的上段细窄称为鞘膜管，精索被包于其中。鞘膜管通过腹股沟管以鞘膜管口或鞘膜环与腹膜腔相通。当鞘膜管口较大时，小肠可脱入鞘膜管或鞘膜腔内，形成腹股沟疝或阴囊疝，需要进行手术整复。

对公羊进行去势时，在切开阴囊、断离精索后，还必须切断睾丸系膜和阴囊韧带（连接附睾尾和总鞘膜之间的睾丸系膜内的结缔组织），才能摘除睾丸和附睾。

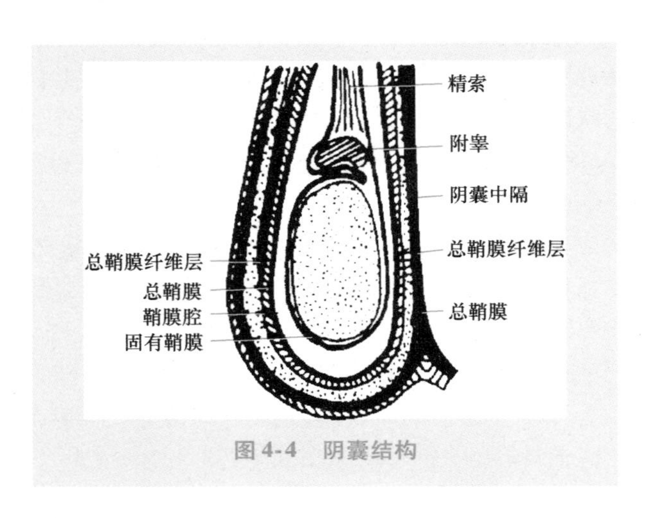

图 4-4　阴囊结构

3. 阴囊的功能

阴囊具有保护睾丸、附睾的功能，并可调节其中的温度，使其略低于体腔内的温度，有利于精子的生成、发育和活动。阴囊的肉膜和睾外提肌在天冷时收缩，在天热时舒张，使阴囊的表面积缩小或扩大，调节睾丸与腹壁的距离，获得精子发育和生存的适宜温度。

四、输精管道

公羊的输精管道包括附睾、输精管和尿生殖道。

1. 附睾

附睾是贮存精子和精子最后成熟的地方，也是排出精子的管道。此外，附睾管的上皮细胞分泌物可供给精子营养和运动所需的物质。

(1) 附睾的形态　附睾位于睾丸的附睾缘，呈两端粗、中间细的弯钩状，可分为附睾头、附睾体和附睾尾 3 部分。附睾头由睾丸网发出的十多条睾丸输出小管组成，这些小管呈螺旋状，借结缔组织连接成若干附睾小叶（也称血管圆锥），再由附睾小叶连接成扁平而略呈杯状的附睾头，覆盖在睾丸头端。各附睾小叶的睾丸输出管汇合成一条弯曲的、长 47 ~ 48 米的附睾管，附睾

管沿睾丸的附睾缘延伸并逐渐变细，最终延续为细长的附睾体。在睾丸远端，附睾体变为附睾尾。在附睾尾的末端附睾管弯曲减少，最后逐渐过渡为输精管。

（2）附睾的组织结构　附睾管壁由环行肌纤维和单层或部分复层柱状纤毛上皮构成。附睾管大体可区分为3部分，起始部具有长而直的静纤毛，管腔狭窄，管内精子数很少；中段的静纤毛不太长，且管腔变宽，管内有多数精子存在；末端静纤毛较短，管腔很宽，充满精子。

（3）附睾的功能

1）附睾是精子最后成熟的场所。睾丸生精小管产生的精子经直精小管、睾丸网、输出小管到达附睾头时，并未发育成熟，尚无受精能力。精子必须在通过附睾体到达附睾尾的过程中（约2周时间），才能发育成形如蝌蚪、具有受精能力的精子。精子在附睾中停留2个月仍有受精能力，但停留时间过长，则活力降低，乃至死亡。

2）附睾是精子的贮存库。附睾内pH呈弱酸性（6.2~6.8），并且温度较低、渗透压较高，因此可抑制精子的活动，减少能量的消耗，为精子的长时间贮存创造条件。研究发现成年公羊两个附睾内聚集的精子数在1500亿个以上。

3）吸收睾丸网液。附睾头和附睾尾具有一个重要作用即是吸收作用，其中大部分睾丸网液均在附睾头部被吸收。研究发现，绵羊和山羊睾丸网液的精子浓度仅为1亿个/毫升，而附睾尾液中精子浓度为50亿个/毫升。

4）分泌附睾液。附睾管上皮分泌的附睾液中有许多睾丸网液中所不存在的有机化合物，如甘油磷酰胆碱、三甲基羟基丁酰甜菜碱和精子表面的附着蛋白等物质，在维持精子的发育、促进精子成熟及保护精子等方面具有重要的作用。

5）运输作用。睾丸生成的精子进入附睾后缺乏主动运动能力，需要借助附睾管内纤毛上皮的活动，以及附睾管壁平滑肌的收缩作用，将精子由附睾头运送到附睾尾，并得以进入输精管。

2. 输精管

输精管是精子由附睾排出的通道，为厚壁坚实的束状管，分左右两条。从附睾尾部开始由腹股沟进入腹腔，再向后进入骨盆腔到尿生殖道起始部背侧，开口于尿生殖道黏膜形成的精阜上。

（1）输精管的形态与结构 输精管呈圆索状，管壁由内向外分别为黏膜层、肌层和浆膜层。输精管起自附睾管末端，从附睾尾后内侧沿睾丸附睾缘和附睾体向上行走，进入精索，经腹股沟管进入腹腔，然后向后上方进入骨盆腔，在膀胱背侧尿生殖褶中膨大形成输精管壶腹，输精管壶腹末端变细，开口于尿生殖道起始部背侧壁。

（2）输精管的功能

1）营养精子。输精管壶腹部的分泌物中含有柠檬酸，可对射精前的精子起到营养作用。

2）输送精子。输精管是生殖道的一部分，射精时在催产素和神经系统的支配下输精管肌肉层发生规律性收缩，使得附睾尾部和输精管内贮存的精子进入尿生殖道。

3）分解吸收作用。若公羊久不配种，精子则会衰老、死亡，输精管可对这些精子进行分解和吸收。

3. 尿生殖道

公羊的尿道兼有排精作用，故称尿生殖道。

（1）尿生殖道的形态 尿生殖道前端起于膀胱颈，沿骨盆以及背侧向后伸延，绕过坐骨弓，再沿阴茎腹侧尿道沟向前伸延，末端在阴茎头形成尿道突，以尿道外口与外界相通。尿生殖道以坐骨弓为界，包括在骨盆腔内的骨盆部（图4-5）和在阴茎腹侧的阴茎部。前者的壁上有副性腺及其导管的平开口，后者参与构成阴茎。

（2）尿生殖道的组织结构及功能 尿生殖道管壁包括黏膜、海绵体层、肌层和外膜。黏膜有许多皱褶，海绵体层主要为静脉血管迷路膨大而形成的海绵腔，当海绵腔内骤然充满血液时，整个海绵体膨大，尿生殖道的管腔张开给精液造成自由的通路。肌层具有协助射精和排出余尿的作用。

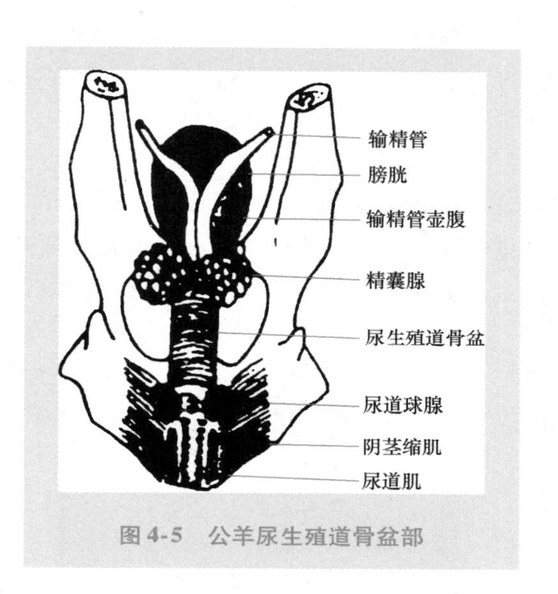

图 4-5　公羊尿生殖道骨盆部

五、副性腺

副性腺（图 4-6）包括精囊腺、前列腺和尿道球腺，射精时它们的分泌物加上输精管壶腹的分泌物混合在一起称为精清，可对来自输精管和附睾高密度的精子稀释，形成精液。副性腺的发育程度受性

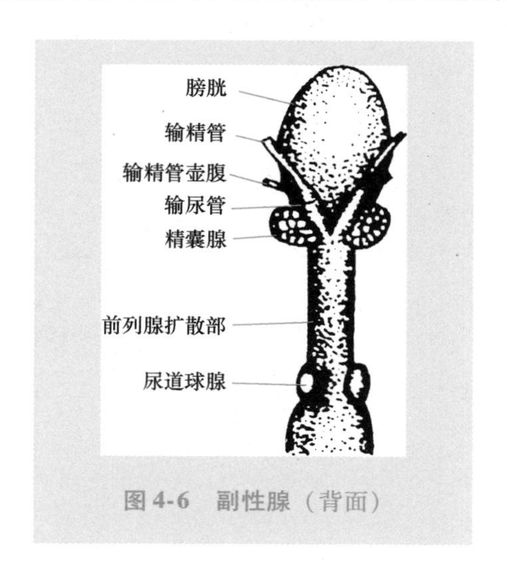

图 4-6　副性腺（背面）

激素的直接影响，当公羊达到性成熟时，其形态和机能得到迅速发育；幼龄去势的公羔，副性腺发育不充分，若性成熟后摘去睾丸，副性腺将逐步萎缩。

1. 副性腺的形态、结构与功能

（1）精囊腺 精囊腺成对存在，位于膀胱颈背侧的生殖褶中，在输精管壶腹部外侧，贴于直肠腹侧面。其形态为圆形，表面不平，分叶清楚，左、右精囊腺大小和形状常不对称。表面有结缔组织膜，含平滑肌纤维。外观呈粉红色，其实质是由一条壁很厚、具有泡状扩大部的管道扭曲而成，常有一些短的分支。每侧精囊腺有导管穿过前列腺，与输精管一同开口于精阜腹侧前方或后方。精囊腺的分泌物为浅乳白色黏稠状液体，含有高浓度的蛋白质、果糖、柠檬酸盐等成分，可供给精子营养和刺激精子运动。

（2）前列腺 前列腺位于膀胱与尿道连接处的上方。山羊与绵羊的前列腺不发达，仅有扩散部，且被尿道肌包围，故从外观上观察不到。绵羊的前列腺位于尿生殖道背侧壁中，山羊的前列腺位于海绵体中，有许多导管开口于尿生殖道骨盆部的黏膜上。其分泌物是不透明稍黏稠的蛋白样液体，呈弱碱性，能刺激精子，使其活动力增强，并能吸收精子排出的二氧化碳，有利于精子生存。

（3）尿道球腺 尿道球腺又称考贝氏腺，有一对，呈球状，个体较小，尿道球腺位于骨盆腔出口处上方、尿生殖道后端背外侧。每个腺体以一条导管开口于尿生殖道内。尿道球腺分泌黏液性和蛋白样液体，在射精以前排出，具有清洗和润滑尿道的作用。

2. 副性腺的功能

（1）活化、营养精子 副性腺液体的 pH 一般为偏碱性，其中的某些成分能在一定程度上吸收精子运动所排出的二氧化碳，从而维持精液的碱性环境，以刺激精子的运动。另外，当精子与精清混合时，副性腺液中的果糖能很快地扩散进入精子细胞中，从而为精子运动提供能量来源。

（2）稀释精子 附睾排出的精子，其周围只有少量液体，与副性腺混合后，精子即被稀释，从而加大了精液容量。公羊射出的精液

中，精清约占精液容量的70%。

（3）帮助受精　交配前阴茎勃起时，尿道球腺所分泌出的少量液体，可以冲洗尿生殖道中残留的尿液，使通过尿生殖道的精子不致受到尿液的危害。另外，精液射入母羊生殖道后，精子需借助一部分精清及母羊生殖道的分泌物为媒介泳动到达受精地点。

（4）保护精子　精清中含有柠檬酸盐及磷酸盐，这些物质具有缓冲作用，可降低外界不良刺激对精子的损害，从而延长精子的存活时间，维持精子的受精能力。

六、阴茎与包皮

1. 阴茎

阴茎为雄性动物的交配器官，平时柔软，隐藏于包皮内，交配时勃起，伸长并变得粗硬。阴茎主要由阴茎海绵体和尿生殖道阴茎部构成，由后向前可分为阴茎根、阴茎体和阴茎头3部分，阴茎根以两个阴茎脚附着于坐骨弓的两侧；阴茎体在别囊后方形成“S”形弯曲；阴茎头前端有一细而长的尿道突，公绵羊的阴茎长为3～4厘米，弯曲成弓状，公山羊的阴茎较短且直。射精时，尿道突可迅速转动，将精液射在子宫颈口周围。

2. 包皮

包皮为皮肤折转而成的管状鞘，其腔为包皮腔，内藏阴茎头。包皮口位于脐部的后方，周围有长毛。包皮外层为腹壁皮肤，在包皮口向包皮腔折转，形成包皮内层。包皮具有容纳、保护阴茎头和配合交配等作用。

第二节　公羊精液的采集与处理

一、采精种公羊与台羊的准备

1. 种公羊的准备与饲养管理

要求将符合种用标准、体质结实、结构匀称、生产性能高、生殖器官发育正常、有明显品种特征、精液品质良好的公羊作为种羊。种公羊除经外貌鉴定外，尚需根据父母、祖代系谱及后裔进行测定。选择个体育种值高的作为主配公羊，人工输精用的种公羊经综合鉴定，均应达到一级以上。种公羊的等级一般应高于母羊的等级，种公羊应重点加强饲养管理。配种开始前 1.0 ~ 1.5 个月，对参加配种的种公羊，应指定有关技术人员对其精液品质进行检查，随时掌握种公羊精液品质情况，如发现问题，可及早采取措施，以确保配种工作顺利进行；对长时间不用的种公羊，要排出公羊生殖器中长期积存下来的衰老、死亡和解体的精子，促进种公羊的性机能活动，产生新精子。因此，在配种开始以前，每只种公羊至少要连续采精 7 天，进行精液品质检查，精液品质达标方可参与配种。

如果种公羊初次参加配种，在配种前 1 个月左右，应有计划地对种公羊进行调教。别的种公羊采精时，让被调教种公羊在旁边“观摩”；加强饲养管理，增加种公羊的运动里程和运动强度等。

2. 台羊的准备

采精时，用发情良好的母羊做活台羊，有利于刺激种公羊的性反射，效果最佳。除用健康、体壮、大小适中、性情温顺且发情征状明显的母羊做活台羊外，也可先用发情的母羊训练种公羊采精，然后再用不发情的母羊做活台羊。经过训练的公羊也可做活台羊。还可利用假台羊采精，假台羊可用木材或金属材料制成，要求大小适宜，坚实牢固，表面柔软干净，尽量模拟母羊的轮廓和颜色，这种方法既方便又安全可靠。

二、采精

1. 采精室及器械的准备

（1）采精室消毒　采精室地面用 0.1% 的新洁尔灭溶液或 3% ~ 5% 煤酚皂（来苏儿）或苯酚（石炭酸）溶液喷洒消毒，夜间打开紫外线灯消毒，工作服可在夜间挂在采精室进行紫外线消毒。

（2）采精器械的消毒　凡是人工输精使用的器械，都必须经过严格的消毒。在消毒以前，应将器械洗净擦干，然后按器械的性质、种类分别封装。消毒时，除不易放入或不能放入高压消毒锅的金属器械、玻璃输精器及胶质的内胎以外，一般都应尽量采用蒸汽消毒，其

他采用酒精或火焰消毒。蒸汽消毒时，器材应按使用的先后顺序放入消毒锅，以免使用时在锅内乱寻找，耽误时间。凡士林、生理盐水棉球用前均需消毒。消毒好的器材、药液要防止污染并注意保温。

2. 采精前假阴道的准备

（1）假阴道的安装　首先检查所用的内胎有无损坏，若完整无损，最好先放入开水中浸泡 3～5 分钟。新内胎或长期未用的内胎，必须用热肥皂水或洗衣粉刷洗干净，并用清水冲洗干净，晾干，然后进行安装。

安装时先将内胎装入外壳，并使其光面朝内，而且要求两头等长，然后将内胎一端翻套在外壳上，采用同样方法套好另一端；注意观察内胎是否有扭转情况，调整松紧适度后，在两端分别套上橡胶圈加以固定。

（2）假阴道的消毒　消毒时用长柄镊子夹住 70% 酒精棉球消毒内胎，从内向外旋转，消毒要求彻底，等酒精挥发后，用生理盐水棉球多次擦拭、冲洗。

集精杯（瓶）采用高压蒸汽消毒，也可用 70% 酒精棉球消毒，最后用生理盐水棉球多次擦拭，然后安装在假阴道的一端。

（3）灌注温水　左手握住假阴道的中部，右手用量杯或吸水球将温水从灌水孔灌入，水温为 50～55℃，以采精时假阴道温度达 40～42℃ 为目的。水量为外壳与内胎间容量的 1/2～2/3，实践中常竖立假阴道，水达灌水孔即可。最后装上带活塞的气嘴，并将活塞关好。

（4）涂抹润滑剂　用消毒玻璃棒或温度计取少许凡士林，由内向外均匀涂抹一薄层，其涂抹深度以假阴道长度的 1/2 为宜。

（5）检温、吹气加压　从气嘴吹气，用消毒的温度计插入假阴道内检查温度，以采精时达 40～42℃ 为宜，若温度过低或过高，可用热水或冷水调节。当温度适宜时吹气加压，使涂凡士林一端的内胎壁闭合，口部呈三角形为宜。最后用纱布盖好入口，准备采精。

3. 台羊或采精台的准备

对种公羊来说，做台羊的母羊是重要的性刺激物，是用假阴道采精的必要条件。采精前，将活台羊牵入采精架加以保定，然后彻底清洗其后躯，特别是尾根、外阴、肛门等部分外阴部用 2% 来苏儿消毒，并用干净抹布擦干。如用假母羊做台羊，采精种公羊必须先经过训练，即先用真母羊做台羊，采精数次再改用假母羊做台羊。

4. 种公羊的牵引

在牵引种公羊到采精现场后，不要使它立即爬跨台羊，要控制几分钟，再让它爬跨，这样不仅可增强其性反射，也可提高所采集精液的质量。种公羊阴茎包皮周围部分，如有长毛应事先剪短，如有污物应擦洗干净。

5. 采精技术

采精人员右手握住假阴道后端，固定好集精杯（瓶），并将气嘴活塞朝下，蹲在台羊右后侧，让假阴道靠近台羊的臀部，在种公羊跨上台羊背侧的同时，将假阴道与地面保持 35 ~ 40 度角迅速将种公羊的阴茎引入假阴道内，切勿用手抓碰、摩擦阴茎。若假阴道内温度、压力、润滑度适宜，种公羊后躯会急速用力向前一冲即已射精。此时，顺种公羊动作移下假阴道，集精杯一端向下，迅速将假阴道竖起，然后取下集精杯，用集精杯盖盖好后送精液检验室待检。

合理安排种公羊采精频率是维持种公羊健康和最大限度采集精液的重要条件。种公羊采精频率要根据精子产生数量、贮存量、每次射精量、精子成活率、精子形态正常率和饲养管理水平等因素来决定。随意增加采精次数，不仅会降低精液品质，而且会造成种公羊繁殖机能降低和体质衰弱等不良后果。在生产上，公羊射精量少而附睾中贮存量大，由于配种季节短，每天可采精多次，连续数周，不会影响精液质量。对于整年采精的种公羊，采精频率通常为连续采精 2 天休息 1 天，每天最多采精 2 次。生产上所采精液样品中如出现未成熟精子、精子尾部近头端有未脱落的原生质滴，以及种公羊性欲下降等，都说明种公羊采精次数过多，这时应立即减少采精次数或停止采精。

6. 采精后用具的清理

倒出假阴道内的温水，将假阴道、集精杯放在热水中用洗衣粉充分洗涤，然后用温水冲洗干净、擦干，待用。

三、精液品质检查

精液品质的检查是保证授精效果的一项重要措施。主要检查的项目和方法如下：

1. 精液的外观检查

（1）射精量　射精量是指种公羊一次采精所射出精液的体积，可以用带有刻度的集精杯直接测出。当种公羊的射精量太多或太少时，都必须查明原因。若射精量太多，可能是由于副性腺分泌物过多或其他异物尿、假阴道漏水混入所致；若射精量过少，可能是由于采精技术不当、采精过频或生殖器官机能衰退所致。凡是混入尿、水及其他不良异物的精液，均不能使用。

（2）色泽与气味　种公羊正常精液呈乳白色或浅乳黄色，其颜色因精子浓度高低而异，乳白程度越重，表示精子浓度越高。若精液颜色异常，表明种公羊生殖器官有疾病，例如：精液呈浅灰色或浅青色即是精子少的特征；精液呈深黄色表示精液内混有尿液；精液呈粉红色或浅红色表示生殖器官有新的损伤，导致精液混有血液；精液呈红褐色表示在生殖道中有深的旧损伤；有脓液混入时精液呈浅绿色；阴囊发炎时，精液中可发现絮状物。诸如此类色泽的精液，应该弃去或停止采精。精液一般无味，有的带有动物本身的固有气味，如羊精液略有膻味。任何精液若有异味，如尿味、腐败臭味，应停止使用。

（3）云雾状　种公羊正常精液因精子密度大而呈混浊不透明状，肉眼观察时，由于精子运动而呈云雾状。精子的密度越大、活力越强，则云雾状越明显。因此，根据云雾状明显与否，可以判断精子活力的强弱和精子密度的大小。精液混浊度越大、云雾状越显著、乳白色越浓，表明精子密度和活力也越高。

2. 显微镜检查

（1）精子活力检查　精子活力是指精液中呈前进运动精子所占的百分率。由于只有呈前进运动的精子才可能具有正常的生存能力和受精能力，所以活力与母羊的受胎率有密切关系，它是目前评定精液品质优劣的重要指标之一。

用显微镜检查精子活力的方法是：用消过毒的干净玻璃棒取出原精液一滴，或用生理盐水稀释过的精液一滴，滴在擦洗干净的干燥载玻片上，并盖上干净的盖玻片，盖时使盖玻片与载玻片之间充满精液，避免气泡产生，然后放在显微镜下放大200～400倍进行观察。观察时盖玻片、载玻片、显微镜载物台的温度不得低于30℃，室温不能低于18℃。精子的活动受室内温度影响极大。温度高了，精子活动加快；温度低了，则精子活动减弱。种公羊的原精液密度大，可用生理盐水、5%的葡萄糖溶液或其他等渗稀释液稀释后再进行制片。

精子的活力等级是根据直线前进运动的精子所占的比例来评定的。在显微镜下观察，可以看到精子有3种运动方式。①前进运动：精子的运动呈直线前进运动。②回旋运动：精子虽也运动，但绕小圈子回旋转动，圈子的直径很小，不到一个精子的长度。③摆动式运动：精子在原地不断摆动，并不前进。除以上3种运动方式之外，常可以看到没有任何运动的精子，呈静止状态。除第一种精子具有受精能力外，其他几种运动方式的精子不久即会死亡，没有受精能力，故精子活力等级应根据在显微镜下前进运动的精子在视野中所占的比例来评定。例如，有70%的精子作直线前进运动，其活力评为0.7，以此类推。一般种公羊精子的活力在0.6以上才能供输精用。

（2）精子密度检查　精子密度通常是指每毫升精液中所含精子数。根据精子密度可以计算出每次射精量中的总精子数，结合精子活力和每个输精量中应含的有效精子数，即可确定精液合理的稀释倍数和可配母羊的只数。因此，精子的密度也是评定精液品质优劣的常规检查项目。但一般只需在采精后对新鲜的原精液进行一次性密度检查即可。

用显微镜检查精子密度时的制片方法与原精液及检查活力的制片方法相同，通常在检查精子活力的同时检查密度。在显微镜下根据精子稠密程度，种公羊精子的密度可分为密（25亿/毫升以上）、中（20亿～25亿/毫升）、稀（20亿/毫升以下）3级。

1）密。精液中精子数目很多，充满整个视野，精子与精子之间的空隙很小，不足以容纳一个精子的长度，由于精子非常稠密，所以

很难看出单个精子的活动情形。

2）中。在视野中看到的精子也很多，但精子与精子之间有着明晰的空隙，彼此间的距离相当于1~2个精子的长度。

3）稀。在视野中只有少数精子，精子与精子之间的空隙很大，超过两个精子的长度。

另外，在视野中如看不到精子，密度则以“0”表示。

种公羊的精液含副性腺分泌物少，精子密度大。一般用于输精的精液，其精子密度至少是中级。

（3）精子形态检查 精子的形态正常与否与受胎率有着密切的关系。如果精液中形态异常的精子所占的比例过大，不仅影响受胎率，甚至可能造成遗传障碍，所以有必要进行精子形态的检查。特别是冷冻精液，对精子的形态检查更有必要。精子形态检查有畸形率检查和顶体异常率检查两种。

1）精子畸形率。一般绵羊、山羊品质优良的精液，其精子畸形率不超过14%，普通的也不能超过20%，精子畸形率超过20%者，则会影响受胎率，不宜用于输精。畸形精子一般分为4类：头部畸形，如头部巨大、瘦小、细长、圆形、轮廓不明显、皱褶、缺损、双头等；颈部畸形，如颈部膨大、纤细、曲折、不全、带有原生质滴、不鲜明、双颈等；体部畸形，如体部膨大、纤细、不全、带有原生质滴、弯曲、曲折、双体等；尾部畸形，如尾部弯曲、曲折、回旋、短小、长大、缺损、带有原生质滴、双尾等。一般头、颈部畸形较少，体、尾部畸形较多。

精液中如有大量畸形精子出现，证明精子在生成过程中受到破坏或副性腺及尿道分泌物有病理变化；如果由精液射出起至检查或保存过程中，没有遵守技术操作规程使精子受到外界不良影响，也会造成精子畸形率增加。

畸形精子检查方法是：先将精液用生理盐水进行适当稀释，制作涂片，干燥后，浸入96%酒精或5%福尔马林中固定2~5分钟，用蒸馏水冲洗，阴干后可用伊红美蓝或龙胆紫红墨水染色2~5分钟，用蒸馏水冲洗后，放在600~1500倍显微镜下检查，检查总数不少于

300个。畸形精子率为畸形精子占计算总精子数的百分比。在日常精液检查中不需要每天检查，只有在精液出现异常时才进行。

2）精子顶体异常率。有些研究者认为用精子顶体完整率来评定精液品质及受精能力比用活力评定较理想。同畸形率检查一样，顶体异常率也需制成涂片，待自然干燥后再在福尔马林磷酸固定液中固定15分钟，用水冲洗后再用吉姆萨缓冲液染色1.5~2.0小时，再用水冲洗干燥后，用树脂封装，置于400倍以上普通显微镜下随机观察500个精子（最少不得少于200个），即可计算出顶体异常率。顶体异常一般表现有膨胀、缺损、部分脱落和全部脱落等情况。

四、精液稀释及保存

1. 精液稀释的目的

（1）增加精液容量和扩大配种母羊的头数 在种公羊每次射出的精液中，所含精子数目非常多，但真正参与受精作用的只有少数精子。因此，在保证受胎率的基础上，将原精液进行适当的稀释，即可增加精液容量，可以为更多的发情母羊配种。

（2）延长精子的存活时间，提高受胎率 精液经过适当的稀释后，可以延长精子的存活时间，其主要原因是：减弱副性腺分泌物对精子的有害作用，因为副性腺分泌物中含有大量的氯化钠和钾，它们会引起精子膜的膨胀并中和精子表面的电荷，对精子产生损害作用；精液稀释液能补充精子代谢所需要的养分，缓冲精液中的酸碱度，抑制细菌繁殖，减弱细菌对精子的危害作用。

2. 稀释液的主要成分和作用

（1）稀释剂 主要用于扩大精液容量。各种营养物质和保护物质的等渗溶液都具有稀释精液、扩大容量的作用，只不过其作用有主次之分。一般单纯用于扩大精液量的物质多采用等渗氯化钠、葡萄糖、果糖、蔗糖及奶类等。

（2）营养剂 主要提供营养以补充精子生存和运动所消耗的能量。常用的营养物质有葡萄糖、果糖、乳糖、奶和卵黄等。

（3）保护剂 指对精子能起保护作用的各种制剂，如维持精液

pH 的缓冲剂，防止精子发生冷休克的抗冻剂，以及创造精子赖以生存的抑菌环境的抗菌物质。

1）缓冲物质。在精液保存过程中，随着精子代谢产物（乳酸和二氧化碳）的积累，pH 逐渐降低，超过一定限度时，会使精子发生不可逆的变性。因此，为防止精液保存过程中的 pH 变化，需加入适量的缓冲剂。常用的缓冲剂有柠檬酸钠、酒石钾钠、磷酸二氢钾等溶液。

2）抗冻物质。在精液的低温和冷冻保存中，必须加入抗冻剂以防止冷休克和冻害的发生。常用的抗冻剂为甘油和二甲基亚砜等。此外，奶类和卵黄也具有防止冷休克的作用。

3）抗菌物质。在精液的稀释液中必须加入一定剂量的抗生素，以抑制细菌的繁殖。常用的抗生素有青霉素和链霉素。

4）其他添加剂。主要作用是改善精子外在环境的理化特性以及母羊生殖道的生理机能，以利于提高受精机会，促进受精卵发育。常用的添加剂有以下几类。

① 酶类。如过氧化氢酶具有能分解精子代谢过程中产生的过氧化氢，消除其危害以提高精子活力的作用；淀粉酶具有促进精子获能，提高受胎率的作用。

② 激素类。如催产素、前列腺素 E 等可促进母羊生殖道蠕动，有利于精子运动而提高受胎率。

③ 维生素类。如维生素 B_1、维生素 B_2、维生素 B_{12}、维生素 C、维生素 E 等，具有改善精子活力，提高受胎率的作用。

另外，如二氧化碳、乙酸、植物汁液等可调节稀释液的 pH；ATP、精氨酸、咖啡因、氯丙嗪等具有提高精子保存过程中的活力的作用。

3. 几种常用的稀释液和配方

根据稀释液的性质和用途，稀释液可分为现用稀释液、常温保存稀释液、低温保存稀释液和冷冻保存稀释液 4 类。

（1）现用稀释液　以扩大精液容量、增加配种头数为目的的现用稀释液适用于采精后稀释并立即输精。现用稀释液以简单的等渗糖

类和奶类物质为主体配制而成，也可将 0.85% 或 0.89% 氯化钠溶液高压灭菌后使用。

(2) 常温保存稀释液 适用于精液常温短期保存，一般 pH 较低。常温保存稀释液有脱脂奶、葡萄糖-柠檬酸钠-卵黄稀释液。脱脂奶稀释液是将新鲜牛奶或羊奶用数层纱布过滤，然后水浴加热至 92～95℃，维持 10～15 分钟，冷却至室温，除去上层奶皮，加入青霉素 1000 单位/毫升、链霉素 1000 微克/毫升。葡萄糖-柠檬酸钠-卵黄稀释液是用 100 毫升蒸馏水加 3 克无水葡萄糖、1.4 克柠檬酸钠溶解过滤后煮沸消毒 15～20 分钟，降至室温，加入 20 毫升新鲜卵黄，加入青霉素 1000 单位/毫升、链霉素 1000 微克/毫升。适用于绵羊精液的稀释液：100 毫升蒸馏水加 5 克乳糖、3 克无水葡萄糖、1.5 克柠檬酸钠。适用于山羊精液的稀释液：100 毫升蒸馏水加入 5.5 克葡萄糖、0.9 克果糖、0.6 克柠檬酸钠、0.17 克乙二胺四乙酸二钠，溶解过滤消毒冷却后加青霉素 1000 单位/毫升、链霉素 1000 微克/毫升。

(3) 低温保存稀释液 适用于精液低温保存，其成分较复杂，多数含有卵黄和奶类等抗冷休克作用物质，还有的添加甘油或甲基亚砜等抗冻害物质。

绵羊精液低温保存稀释液配方为：10 克脱脂奶粉加 100 毫升蒸馏水配成基础液，取 90% 基础液和 10% 卵黄再加上青霉素 1000 单位/毫升、链霉素 1000 微克/毫升制成稀释液。山羊精液低温保存稀释液配方为：葡萄糖 0.8 克、二水柠檬酸钠 2.8 克，加蒸馏水 100 毫升配成基础液，取 80% 基础液、20% 卵黄、青霉素 1000 单位/毫升、链霉素 1000 微克/毫升制成稀释液。

(4) 冷冻保存稀释液 该稀释液用于羊精液的冷冻保存，也可用于品种价值高的种羊冻精生产。

4. 配制各种稀释液的注意事项

1）配制稀释液所使用的用具、容器必须洗涤干净、消毒，用前经稀释液冲洗。

2）稀释液必须保持新鲜，如条件许可，经过消毒、密封，可在

冰箱内存放1周，但卵黄、奶类、活性物质及抗生素必须在用前临时添加。所用的水必须清洁无毒性，蒸馏水或去离子水要求新鲜。使用的沸水应在冷却后用滤纸过滤，经过实验对精子无不良影响才可使用。

3）药品成分要纯净，称量必须准确，充分溶解，经过滤后进行消毒。高温易变性的药品不宜进行高温处理，应用细菌滤膜过滤以防变性失效。

4）使用的奶类应水浴（90～95℃）10分钟，除去奶皮。卵黄要取自新鲜鸡蛋，取前应对蛋壳消毒。

5）抗生素、酶类、激素、维生素等添加剂必须在稀释液冷却至室温时，按用量准确加入。

5. 稀释方法和倍数

（1）稀释方法　精液稀释的温度要与精液的温度一致，在30℃水浴锅中进行稀释。将与精液等温的稀释液沿精液瓶壁缓缓倒入，用经消毒的细玻璃棒轻轻搅匀。如进行20倍以上的高倍稀释，应分两步进行，先加入稀释液总量的1/3～1/2进行低倍稀释，稍等片刻后再将剩余的稀释液全部加入。稀释完毕后，必须进行精子活力检查，如稀释前后活力一样，即可进行分装，保存或输精。

（2）稀释倍数　精液进行适当倍数的稀释可以提高精子的存活力。绵羊、山羊的精液一般稀释比例为1∶(5～10)，品质好的精液可以适当提高稀释倍数，但最多不超过20倍。

第三节　人工输精

一、输精前的准备

（1）人员准备　输精人员要身着工作服，将手洗干净后以75%酒精消毒，待酒精完全挥发后再持输精器。

（2）器械准备　各种输精用具在使用之前必须彻底洗净消毒，用灭菌稀释液冲洗。玻璃和金属输精器，可置入高温干燥箱内消毒或蒸煮消毒，阴道开膣器及其他金属器材等用具，可高温干燥消毒，也可浸泡在消毒液内消毒，输精枪以每只母羊使用1支为宜，当不得已数只母羊共用1支输精枪时，每输完1只羊后，先用湿棉球（或卫生纸或纱布块）由尖端向后擦拭干净外壁，再用酒精棉球涂擦消毒，其管内腔先用灭菌生理盐水冲洗干净，后用灭菌稀释液冲洗方可再使用。

（3）精液准备 用于输精的精液，必须符合羊输精所要求的输精量、精子活力及有效精子数等。输精前采用假阴道法采集种公羊精液，快速送往镜检室对精子活力进行鉴定，将活力在0.7以上的精液根据精液具体品质，采用脱脂奶进行5~10倍稀释，在试管中恒温待用。

二、人工输精方法

1. 常规人工输精

（1）母羊的准备 将发情母羊两后肢担在输精室内离地高度0.8~1.0米的横杠式输精架上。若无输精架或输精坑，可由工作人员保定母羊，其方法是工作人员倒骑在羊的颈部，用双手握住羊的两后肢飞节上部并稍向上提起，以便于输精。在输精前先用0.1%的高锰酸钾或2%的来苏儿消毒待输精母羊外阴部，再用温水洗掉药液并擦干，最后以生理盐水棉球擦拭。

（2）输精方法 将待配母羊牵到输精室内的输精架上固定好，并将其外阴部消毒干净，输精员右手持输精器，左手持开膣器，先将开膣器顺阴门方向慢慢插入阴道，旋转90度，再将开膣器轻轻打开，寻找子宫颈。如果在打开开膣器后，发现母羊阴道内黏液过多或有排尿表现，应让母羊先排尿或设法使母羊阴道内的黏液排净，然后将开膣器再插入阴道，细心寻找子宫颈。子宫颈附近黏膜颜色较深，当阴道打开后，向颜色较深的方向寻找子宫颈口，找到子宫颈口后，将输精器前端插入子宫颈口内0.5~1.0厘米深处，用拇指轻压活塞，注入精液。如果遇到初配母羊，阴道狭窄，开膣器插不进或打不开，无法找到子宫颈口时，只好进行阴道输精。

在输精过程中，如果发现母羊阴道有炎症，应在治疗后视情况决

定是否输精。在对有炎症的母羊输完精之后，要对输精器器械进行严格消毒，以防母羊相互传染疾病。

输精器和开膣器用后立即用温碱水或洗涤剂冲洗，再用温水冲洗，然后擦干保存，以防精液粘在输精器管内。其他用品，按性质分别洗涤和整理，然后放在柜内或放在桌上的搪瓷盘中，用布盖好，避免尘土污染。

（3）输精量　子宫颈口输精时，一般输入原精时，0.05～0.1 毫升或稀释精液 0.3～0.5 毫升，有效精子数在 7000 万以上。如果无法找到子宫颈口，在阴道内输精，输入精液量应增加 1 倍。

（4）输精时间　母羊输精时间一般在发情后 12～36 小时。在生产中，一般早晨发现母羊发情，可在当天下午输精，傍晚发现母羊发情，可于第二天上午输精。为了提高母羊受胎率，可在第一次输精后间隔 12 小时再输精 1 次，此后若母羊仍继续发情，可再输精 1 次。

2. 腹腔镜子宫角输精

（1）母羊的准备　将禁食、禁水 24 小时的发情母羊仰卧保定在保定架上，刮去乳头近腹部被毛，消毒后推入输精室。抬高保定架，使母羊呈臀高头低约 45 度状态，准备输精。

（2）输精方法　分别在腹中线左、右两侧 3～4 厘米处，用套管针穿透腹壁进入腹腔。左侧拔出针芯，伸入内窥镜，观察子宫角及排卵情况；右侧插入装好精液的输精枪在一侧子宫角远端 1/3 处的大弯处刺破子宫壁，输入 0.1～0.2 毫升精液后拔出针头。用同样的方法，在另一侧子宫角内输入等量精液。缓慢抽出输精管及窥镜、套管等。用碘酊对穿刺部位伤口进行消毒，完成整个输精过程。为了预防感染，可肌内注射青霉素 160 万单位。消毒后母羊就可归群，并进行 1 天的不定时跟踪观察。输精后第一天不宜采食过多，以防腹腔内大网膜从创口处鼓出。

第四节　提高母羊受胎率的主要措施

输精母羊受胎率的高低是衡量羊人工授精技术水平的关键指标，人工授精母羊受胎率受种公羊精液的质量、母羊的体质和发情情况，

以及输精技术等许多因素的影响。因此，要想使羊人工授精的受胎率得到大幅度提高，一要从种公羊方面着手，保证输精用精液的品质；二是从母羊方面着手，调整输精母羊的膘情及进行准确发情鉴定；此外还应努力提高输精技术水平。

一、提高精液品质

在人工授精操作过程中，用于输精的精液品质高低直接影响母羊的受胎效果。因此，要想提高母羊的受胎率，首先必须设法提高种公羊的精液品质。提高种公羊的精液品质，可从以下方面采取措施。

1. 加强种公羊的饲养管理

良好的营养是保持种公羊具有旺盛的性欲、优良的精液品质，充分发挥其正常繁殖力的前提。种公羊应保持中上等营养水平，其日粮要求具有全价的蛋白质和充足的维生素。种公羊的不合理利用、运动不充足、外界环境温度不适宜、季节及光照变化、各种应激均可降低其精液品质。因此，必须保证种公羊的科学管理。

2. 规范采精操作流程

采精技术不规范也可导致所采集种公羊的精液品质下降。如采精技术不熟练可能损伤种公羊外生殖器官，降低种公羊的性欲；假阴道温度不适宜，可导致种公羊不射精或射精不充分；与精液直接接触的假阴道、集精杯等洗涤和消毒不彻底，会造成种公羊精液的人为污染，降低精液的品质。因此，一定要严格按人工授精操作技术规程进行采精。

3. 正确处理精液

精液处理涉及精液的品质检查、稀释、保存等全过程，精液处理方法不当会降低公羊的精液品质。采集的原精液、稀释后的精液、经保存后待输精的精液都要进行严格的检查，采用不合格的精液进行输精必然会降低母羊受胎率；精液稀释过程中，如果稀释液的种类、稀释方法、稀释温度不当，均可显著降低精子活力；精液保存过程中温度的剧烈变化，如低温保存和冷冻精液制作过程中平衡温度下降过快，冷冻精液保存过程中从液氮中取出精液或在空气中停留时间过长

等也会导致精液品质下降。可见，对精液进行正确处理，也是提高母羊受胎率的重要措施。

二、科学饲养和管理母羊

1. 加强母羊的饲养管理

具有正常繁殖机能的母羊由于饲养管理不当，可导致母羊饲养管理性不育，主要表现为不发情、发情不规律、繁殖率低。母羊饲养管理性不育包括营养性不育和管理性不育。营养性不育一般是由于饲养不当，母羊营养缺乏、营养过剩或营养不平衡而使生殖机能衰退或受到破坏，从而使母羊生育力降低。研究表明，限制母羊的能量摄入时，体况差的青年及老年母羊受到的危害最大，会延缓胚胎的发育；妊娠早期营养水平过高，则会引起血液孕酮浓度下降，也会妨碍胚胎的发育，甚至引起死亡，注射外源性孕酮可以消除这种影响。日粮中蛋白质水平过低，也会对母羊生育力产生不利影响。此外，有研究表明，如果饲喂高蛋白质饲料会使瘤胃中氨的含量增高，会对胚胎产生毒性作用，还可能对生育力产生其他不利影响。维生素缺乏，尤其是维生素 A 的缺乏容易导致输精母羊受胎率下降或母羊发生流产。母羊管理性不育常见情况是由于泌乳过多引起母羊生殖机能减退或暂时停止。因此，必须加强母羊的饲养管理。

2. 准确鉴定发情

母羊排卵后卵子通过输卵管及受精都有各自的时限。超过与这些时限相应的最适输精时间，就会降低其受胎率。对母羊发情征状的认识不足和工作中疏忽大意，不能及时发现发情母羊，均可导致配种时机不适宜，致使人工授精配种受胎率降低。

三、提高输精技术水平

导致羊人工授精受胎率降低的原因，除公羊精液品质不良、母羊的饲养管理不当及发情鉴定不准确外，输精技术水平不高也是导致母羊人工授精受胎率降低的重要原因。可通过培训输精技术人员、严格按照操作规程进行输精操作、改进输精方法进行深部输精（如利用腹腔镜进行深部输精）来提高人工授精母羊的受胎率。

四、合理使用生殖激素

1. 促排卵激素

促黄体素、绒毛膜促性腺激素和促排卵 3 号均具有促进母羊排卵的作用，配种时给母羊注射这一类激素，可促进排卵，有利于调整精子和卵子在受精部位的结合时间，同时还具有促进黄体形成和分泌的作用，对提高配种受胎率有良好的效果。

2. 促精子运行的激素

催产素、前列腺素具有促进子宫收缩的生理作用，配种前给母羊子宫颈内输入或在精液中使用催产素或前列腺素，可以加快精子在母羊生殖道中的运行速度，提高配种受胎率。

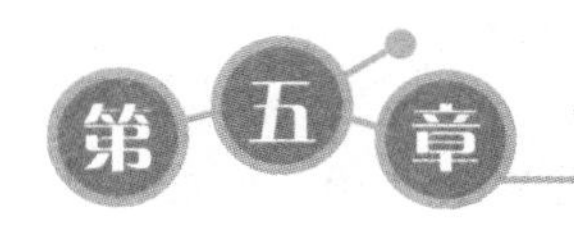

第五章 母羊妊娠及诊断技术

妊娠诊断就是借助母羊妊娠后所表现的各种变化来判断母羊是否妊娠以及妊娠的进展情况。生产中，在配种后尽可能短的时间内，通过观察母羊行为表现或用仪器、试剂等对母羊进行早期妊娠诊断具有重要意义。若不能及时诊断出来，就会影响下一个发情期配种任务的安排，导致产羔间隔延长、繁殖率降低，而且由于非繁殖期饲养管理时间增长而导致饲养管理成本增加，会直接影响养殖经济效益。对配种后的母羊进行早期妊娠判断，及时发现空怀母羊，有利于找出未孕原因，采取相应治疗或管理措施，以把握下一次发情时的配种时机；对确诊已妊娠的母羊，加强饲养管理，避免流产，保证胎儿正常发育，以及预测产羔日期，可以提高羊群的繁殖率。

第一节 羊早期胚胎的发育和附植

一、羊早期胚胎的发育

精子和卵子在输卵管结合，形成受精卵（也称合子）后，即进行有丝分裂（卵裂），开始早期胚胎发育。根据形态特征可将羊早期胚胎的发育分为以下几个阶段。

（1）桑葚胚 合子在透明带内进行有丝分裂，卵裂球呈几何级数增加，先后形成 2 细胞、4 细胞、8 细胞、16 细胞。当胚胎的卵裂球达到 16～32 个细胞时，细胞间紧密连接，形成致密的细胞团，形似桑葚，称为桑葚胚。此时胚胎已进入子宫。

（2）囊胚 桑葚胚继续发育，细胞开始分化，出现细胞定位现象。胚胎细胞个体较大的一端密集成团，称为内细胞团；另一端细胞

个体较小，只延透明带的内壁排列扩展，发育为滋养层，形成囊胚。囊胚扩大，逐渐从透明带中伸展“孵化”出来，内细胞团进一步发育形成胚胎本身，滋养层则发育为胎膜和胎盘。囊胚一旦脱离透明带，即迅速增大，由于细胞的分工而失去全能性。

（3）原肠胚 囊胚进一步发育，出现两种变化：①内细胞团外面的滋养层退化，内细胞团裸露，成为胚盘；②在胚盘的下方衍生出内胚层，它沿着滋养层的内壁延伸、扩展，衬附在滋养层的内壁上，这时的胚胎称为原肠胚。

原肠胚进一步发育，在滋养层（即外胚层）和内胚层之间出现中胚层。中胚层进一步分化为体壁中胚层和脏壁中胚层，两个中胚层之间的腔隙构成以后的体腔。

三个胚层的建立和形成，为胎膜和胎体各类器官的分化奠定了基础。

二、妊娠识别

妊娠早期，胚胎即可产生某种化学因子（激素）作为妊娠信号传给母体，母体随即做出相应的生理反应，以识别和确认胚胎的存在。为胚胎和母体之间生理和组织的联系做准备的过程称为妊娠识别。

妊娠识别的实质是胚胎产生某种抗溶黄体物质，作用于母体的子宫或（和）黄体，阻止或抵消前列腺素 F2a 的溶黄体作用，使黄体变为妊娠黄体，维持母羊妊娠。

不同动物或家畜的妊娠信号的物质形式具有明显的差异。牛、羊胚胎滋养层中产生糖蛋白，与在子宫内合成的硫酸雌酮等物质都具有抗溶黄体的作用，可促进妊娠的建立和维持。

各种家畜妊娠识别的时间有所不同，通常羊在配种后 12～13 天可以识别。妊娠识别后，母羊即进入妊娠的生理状态。

三、胚泡的附植

囊胚阶段的胚胎又称为胚泡。胚泡在子宫内发育的初期处在一种游离的状态，并不和子宫内膜发生联系，称为胚泡游离。胚泡随着其

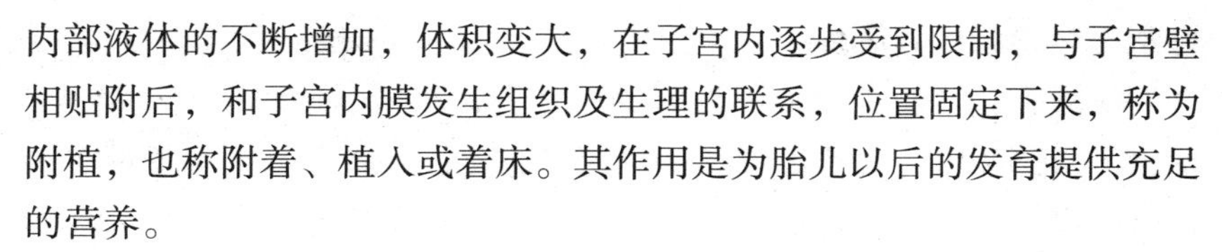
内部液体的不断增加，体积变大，在子宫内逐步受到限制，与子宫壁相贴附后，和子宫内膜发生组织及生理的联系，位置固定下来，称为附植，也称附着、植入或着床。其作用是为胎儿以后的发育提供充足的营养。

1. 附植的部位

家畜胚泡在子宫内附植的部位通常都是对胚胎发育最有利的位置，其基本规律是选择子宫血管稠密、营养供应充足的地方，这样胚泡间有适当的距离，可以防止拥挤。羊胚泡的附植部位一般位于子宫角内下 1/3 处。

2. 附植的时间

胚泡附植是个渐进的过程，准确的附植时间差异较大。在游离期之后，胚泡与子宫内膜即开始疏松附植，紧密附植的时间是在此后较长的一段时间，最终以胎盘建立作为附植完成的标志。胚泡发生附植的时间在不同种类的动物中具有很大差异，与妊娠期的长短有一定关系。羊的疏松附植在排卵后的第 14～16 天，紧密附植在排卵后的第 28～35 天。

另外，子宫的环境条件和胚胎发育的同步程度对附植的顺利完成也有很大影响，可能是附植失败和早期胚胎死亡的原因之一。

第二节　妊娠的维持和妊娠母羊的生理变化

一、妊娠的维持

妊娠的维持，需要母体和胎盘产生的有关激素的协调和平衡，否则将导致妊娠中断。在维持母羊妊娠的过程中，孕酮和雌激素是至关重要的。排卵前后，雌激素和孕酮含量的变化是子宫内膜增生、胚泡附植的主要动因。整个妊娠期内，孕酮对妊娠的维持则体现出多方面的作用：①抑制雌激素和催产素对子宫肌的收缩作用，使胎儿的发育处于平静而稳定的环境；②促进子宫颈栓体的形成，防止妊娠期间异物和病原微生物侵入子宫，危及胎儿；③抑制垂体促卵泡素的分泌和释放，抑制卵巢上卵泡发育和母羊发情；④妊娠后期孕酮水平下降，有利于分娩的发动。

雌激素和孕激素的协同作用可改变子宫基质，增强子宫的弹性，促进子宫肌和胶原纤维的增长，以适应胎儿、胎膜和胎水增长对空间扩张的需求；另外，还可刺激和维持子宫内膜血管的发育，为子宫和胎儿的发育提供营养来源。

二、妊娠母羊的主要生理变化

1. 生殖器官的变化

（1）卵巢 受精后有胚胎发育时，母羊卵巢上的黄体转化为妊娠黄体继续存在，分泌孕酮，维持妊娠，发情周期中断。妊娠早期，卵巢偶有卵泡发育，致使妊娠羊发生假发情，但多不能排卵而退化、闭锁。

（2）子宫 妊娠期间，随着胎儿的发育子宫容积增大，子宫通过增生、生长和扩展的方式适应胎儿生长的需要。同时，子宫肌层保持着相对静止和平稳的状态，以防胎儿过早排出。附植前，在孕酮的作用下子宫内膜增生，血管增加，子宫腺增长、卷曲，白细胞浸润；附植后，子宫肌层肥大，结缔组织基质广泛增生，纤维和胶原含量增加。子宫扩展期间，自身生长减慢，胎儿迅速生长，子宫肌层变薄，纤维拉长。

（3）子宫颈 内膜腺管数增加并分泌黏稠的黏液封闭子宫颈管，称为子宫栓。母羊子宫栓在分娩前液化排出。

（4）阴道和阴门 妊娠初期，阴门收缩紧闭，阴道干涩；妊娠后期，阴道黏膜苍白、阴唇收缩；妊娠末期，阴唇、阴道水肿、柔软，有利于胎儿娩出。

2. 母体全身的变化

妊娠后，随着胎儿生长，母体新陈代谢加强，食欲增加，消化能力提高，营养状况改善，体重增加，被毛光润。妊娠后期，胎儿迅速生长发育，母体常不能消化足够的营养物质满足胎儿的需求，需消耗前期储存的营养物质，供应胎儿。

胎儿生长发育最快的阶段，也是钙、磷等矿物质需要量最多的阶段，往往会造成母羊体内钙、磷含量降低。若不能从饲料中得到补

充，则易造成母羊脱钙，出现后肢跛行、牙齿磨损快、产后瘫痪等表现。

在胎儿不断发育的过程中，由于子宫体积增大，内脏受子宫挤压，引起循环、呼吸、消化、排泄等器官适应性的变化。腹主动脉和腹腔、盆腔中的静脉因受子宫压迫，血液循环不畅，使躯干后部和后肢出现瘀血，心脏负担过重也会引起代偿性“左心室妊娠性肥大”。呼吸运动浅而快，肺活量变小。消化及排泄器官因受压迫，时常出现排粪、排尿次数增加，量减少的现象。

第三节 妊娠诊断方法

准确的早期妊娠诊断，可适时治疗不孕羊，尽早淘汰劣质羊，减少空怀时间，缩短繁殖周期。目前，羊的早期妊娠诊断方法主要有公羊试情法、超声波诊断法、阴道检查法、外部观察法、直肠检查法、腹壁触诊法、免疫学诊断法、孕酮水平测定法和外源激素探测法。

一、公羊试情法

该法是目前普通养殖户常用的方法。一般认为，配种后连续两个发情期不返情的母羊确诊为妊娠。其优点是易于与生产实际结合，公母羊混群饲养，可随时配种。但随着集约化养殖的发展，这种方法逐渐暴露出很多缺点，如诊断时间较长、易发生误判、对母羊会造成应激、耗费大量人力物力，长年饲养一定数量的试情公羊又增加了饲养成本等。

二、超声波诊断法

1. 超声波诊断法及其效果

超声波诊断法是把超声波的物理特点和动物组织结构的声学特点密切结合的一种物理学诊断方法。在 20 世纪 60 年代中期，A 型和 D 型超声首先应用于动物领域，20 世纪 70 年代中期逐渐发展到 M 型和 B 型超声。B 型超声简称 B 超，也称实时超声断层显像诊断仪，对软组织的分辨率较高，能够实时显示探查部位的二维图像、动态变化及其与周围组织的关系，是目前公认的最迅速、最安全、最有效的小型动物妊娠监测手段，尤其适用于规模化羊场。

利用B超进行羊早期妊娠诊断，检测方法简单、快速、直观，且妊娠检测准确率很高。目前，B超是较为实用的妊娠诊断方法。

2. B超妊娠诊断的操作方法

目前，生产中普遍使用B超仪以扇形或线形扫描方法利用声波反射回来的光点明暗度显示子宫切面图像，可以直接观察子宫变化及胎儿发育状况。这种影像诊断方法具有很强的直观性和准确性。B超通常可配备直肠和腹壁两种探头（图5-1和图5-2）。直肠检查时，先排出直肠内蓄粪，然后将探头涂耦合剂后探入直肠内，送至盆腔入口前后，向下成45~90度角进行扫描。体外腹壁检查时，主要在后腿根部内侧或乳房两侧的少毛区，不必剪毛，探头涂耦合剂后，贴皮肤对准盆腔入口子宫方向进行扫描，选择典型图像进行照相和录像。

图5-1　直肠探头B超检测

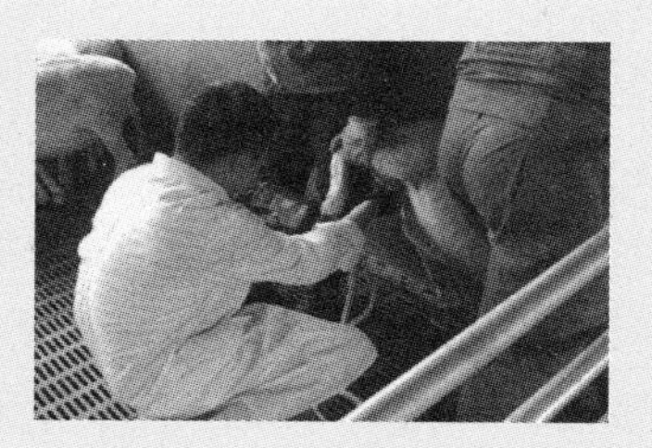

图5-2　腹壁探头B超检测

未妊娠母羊子宫角的断面呈弱反射，位于膀胱的前方或前下方，形状为不规则圆形，边界清晰，直径超过1厘米，同时可查到多个这样的断面，并随膀胱积尿程度而位移（有时在断面中央可见到一个很小的无反射区，即暗区，直径为0.2~0.3厘米，可能是子宫的分泌物）。妊娠母羊子宫角断面呈暗区，因胎水对超声不产生反射，配种后第16、17天最初探到时为单个小暗区，直径超过1厘米，称为胎囊，一般位于膀胱前下方。由于扫描角度不同，子宫断面呈多种不规则的圆形、长形等。胎体的断面呈弱反射，位于子宫颈区的下部，贴近子宫壁，初次探到时还不成形，为一团块，仔细观察可见其中有一规律闪烁的光点，即胎心搏动。妊娠30天后，可探到子叶，呈纽扣状，直径约为1厘米。

三、阴道检查法

传统的阴道检查法主要通过用手触摸或使用内窥镜，观察阴道黏膜颜色、黏液黏度和子宫颈口的变化等进行妊娠诊断。母羊妊娠后，由于胚胎的存在，其生殖系统会出现一系列的变化，如阴道黏膜的色泽、干湿状况的变化，黏液的性状、黏稠度、透明度及量的变化，子宫颈形状、位置的变化等，这些变化可作为妊娠诊断的依据。

（1）阴道黏膜　母羊妊娠3周后，阴道黏膜由未妊娠时的浅粉色变为苍白色，没有光泽，表面干燥，同时阴道收缩变紧，以开张器打开阴道时，黏膜为白色，几秒钟后即变为粉红色者为妊娠症状，未妊娠者黏膜为粉红色或苍白，由白变红的速度较慢。

（2）阴道黏液　妊娠母羊的阴道黏液量少、透明，开始稀薄，20天后变稠，能拉成线。阴道黏液量多、稀薄、色灰白而呈脓样者多为未妊娠。

（3）子宫颈　妊娠母羊子宫颈紧缩关闭，其阴道部变苍白，有糨糊状的黏液块堵塞于子宫颈口，称为子宫栓或子宫塞。

需要注意的是，在做阴道检查之前，应对手臂进行消毒，并修剪指甲，以免对母羊造成感染和伤害。该方法最早可在妊娠后进行，由于诊断时间较晚，其应用受到了限制。

四、外部观察法

外部观察法是在问诊的基础上，对被检母羊进行观察，根据其体态及胎动等变化，判断是否妊娠。问诊的内容包括母羊的发情情况、配种次数、最后一次配种日期、配种后是否再发情、一定时期后食欲是否增加、营养是否改善、乳房是否逐渐增大等。母羊妊娠后，一般外观表现为发情周期停止，食欲增进，营养状况改善，毛色润泽，性情变得温顺，行为谨慎安稳，腹部逐渐变大，乳房也逐渐胀大。如果配种后没再出现发情，食欲有所增加，被毛变得光泽，乳房逐渐增

大，则一般认为是已妊娠。配种3个月后，要注意观察羊的腹部是否增大，右侧腹部是否突出下垂，腹壁是否常出现震动胎动，从而判定是否妊娠。外部观察法的最大缺点是不能在配种后第一个发情期前后确诊母羊是否妊娠。需要注意的是，有些羊妊娠后又出现发情现象，称为假发情。出现这种情况时，应结合其他方法，综合分析后才能做出诊断。因此，在外部观察法中经常结合直肠检查法和腹壁触诊法进行。

五、直肠检查法

羊属中小牲畜，直肠检查方法不同于牛、马，需要借助触诊棒进行，所以该法也称直肠-腹壁触诊法。触诊棒一般为直径1.5厘米、长50厘米、前端钝圆的光滑木棒或塑料棒。检查时，待检母羊应停食一夜，仰卧绑定，用肥皂水灌肠使其排出直肠内的宿粪，然后将涂有润滑剂的触诊棒贴近脊柱方向插入肛门，向直肠内插入30厘米左右，然后一手抬高棒的外端以便托起胎胞，另一只手在腹壁下触摸，如摸到块状实体则为已妊娠。如果摸到触诊棒，稍移动棒的位置，反复挑起触摸几次，如仍摸到触诊棒，即为未妊娠。此方法准确率较高，但要注意操作时防止直肠损伤。

六、腹壁触诊法

检查者双腿夹住母羊的颈部，面向母羊的后躯，双手紧兜下腹壁，并用左手在右侧下腹壁前后滑动，感觉腹内是否有硬物，若有硬物，该硬物即为胎儿。妊娠3个月以上时，可触及胎儿，腹壁薄者还能感觉到子叶。

七、免疫学诊断法

母羊妊娠后，其血液及组织中会产生特异性抗原，能与血液中的红细胞相结合。所以，可以用特异性抗原诱导制备出的抗体血清来判定被检母羊是否妊娠。当抗体血清与待检母羊的血液混合时，有凝集现象产生的即可判定为妊娠，而未妊娠的母羊因为没有与红细胞结合的特异性抗原，就不会发生凝集现象。通常，受精后6~12天、13~20天和21~30天的绵羊妊娠诊断准确率分别为61%、72%和78%。

八、孕酮水平测定法

母羊血液或乳汁中孕酮浓度的变化范围是标示母羊所处生殖状态的一项特异性指征。孕酮浓度随发情周期变化而变化的规律，使其成为反刍动物妊娠检测中最常用的一种激素类物质。母羊体内孕酮的主要来源是黄体及胎盘。处于妊娠早期的母羊，其外周血液或乳汁中孕酮含量维持较高水平，远远高于发情期的浓度。所以，通过测定血液、乳汁或尿液中的孕酮浓度，可以对其进行早期妊娠诊断。测定孕酮的方法主要有：放射免疫测定法（RIA）、酶免疫测定法（EIA）、乳胶凝集抑制试验（LAIT）和酶联免疫吸附测定法（ELISA）。

九、外源激素探测法

据报道，用三合激素给配种后的奶山羊注射，每只羊 0.5 ~ 0.7 毫升，肌内注射 1 次，注射后 6 天内发情者为阴性反应（未妊娠），超过 6 天发情者为可疑反应，无发情者为阳性反应（已妊娠），结果未妊娠符合率为 96.6%，妊娠符合率为 96.2%。

规模羊场批次化繁控模式的应用

第一节 批次化生产的种公羊管理

俗话说，公羊好好一坡，母羊好好一窝，种公羊对于羊场繁殖效益非常重要。一般在不采用人工输精方法的羊场，公母羊比例为1∶30，在采用人工输精方法进行配种的羊场，公母羊比例为1∶(250～300)。所以，种公羊的质量直接影响全场羔羊的产出质量。由于公羊饲养数量远远小于母羊，因此血统问题非常重要，不能近亲配种，产羔记录和配种记录必须详细、准确，否则就很容易造成血统系谱错乱，导致近亲繁殖，出现畸形、发育不良的羔羊，影响经济效益。每次配种前通过查询配种记录，可以避免发情母羊使用同胞公羊、半同胞公羊、父亲及祖父公羊进行配种。

种公羊管理的优劣，不仅关系到配种受胎率的高低、繁殖成绩的好坏，更重要的是影响羊的选育质量、羊群数量的发展和生产性能与经济效益的高低。因此，在种公羊饲养管理过程中，应做到合理饲喂、科学管理，使种公羊拥有健壮的体质、充沛的精力和高品质的精液，充分发挥其种用价值。

一、种公羊的选择

对种用公羊要求相对较高，在留种或选种时必须进行严格挑选，通常从以下 4 个方面进行选择。

（1）体形外貌 必须符合品种特征，发育良好，结构匀称，颈部粗壮，胸宽深，肋骨开张，背腰平直，腹部紧凑不下垂，体躯长，四肢粗大、端正，被毛紧实匀称。

（2）系谱档案　所选种公羊年龄不宜过大，应在3岁以下。

（3）生殖性状　雄性特征明显，精力充沛，敏捷活泼，性欲旺盛，生殖器官发育良好，睾丸大而对称，手触摸富有弹性而不坚硬，精液品质好。单睾丸羊一律不能留作种用。

（4）等级选择　符合本品种种用等级标准，即特级、一级，低于一级不可留作种用。

二、种公羊的饲养管理

目前，我国规模羊场的绵羊品种主要为小尾寒羊和湖羊，这两个品种能够四季发情，可根据生产需要，全年进行配种工作。因此，对种公羊健康状况要求较高，种公羊的饲养尤为重要，饲料应营养价值高，含足量蛋白质、维生素和矿物质，且易消化，适口性好。生产中应根据实际情况适当调整日粮组成，满足种公羊在不同阶段对营养的需求。一般来说，母羊产羔应尽量避开7~8月的炎热季节和1~2月的寒冷季节，即2~3月、8~9月不宜安排配种工作。因此，种公羊的饲喂一般可分为配种期和非配种期。

1. 配种期的饲喂

种公羊在配种期内要消耗大量的营养和体力，为使种公羊拥有健壮的体质、充沛的精力及良好的精液品质，必须精心饲养，满足其营养需求。一般对于体重在70~90千克的种公羊，每天每只饲喂混合精料1.0~1.2千克、优质干草2.0千克、胡萝卜0.5~1.5千克、食盐15~20克，必要时可补给一些动物性蛋白质饲料，如羊奶、鸡蛋等，以弥补配种时期消耗的大量营养。

2. 非配种期的饲喂

为有利于种公羊体能恢复，精、粗饲料应合理搭配，喂适量青绿多汁饲料和青贮料。对舍饲70~90千克的种公羊，每天每只饲喂混合精料0.5~0.6千克、优质干草2.0~2.5千克、多汁饲料1.0~1.5千克。

3. 环境卫生

一般种公羊的圈舍要适当大一些。每只种公羊占地1.5~2.0米^2，运动场面积不小于种公羊圈舍面积的2倍，以保证种公羊有充足的运

动。圈舍地面坚实干燥，室内保持阳光充足、空气流通。冬季圈舍要防寒保温，以减少饲料的消耗和疾病的发生；夏季高温时防暑降温，避免影响种公羊食欲、性欲及精液质量。为防止疾病发生，应定期做好圈舍内外的消毒工作。

4. 加强运动

运动有利于种公羊促进食欲，增强体质，提高性欲和精子活力，但过度的运动也会影响种公羊配种，一般每次运动30～60分钟为宜，每天早晨和下午各运动1次，休息1小时后进行配种。

5. 精液品质检测

精液品质的好坏决定种公羊的利用价值和配种能力，对母羊受胎率影响极大。在配种季节，无论本交还是人工授精，都应提前检测种公羊的精液质量，包括精液的射精量、颜色、气味、精子密度和活力等项目，确保配种工作的成功。

6. 疫病防治

（1）免疫接种 为防止传染病的发生，必须严格执行免疫计划，保质保量地完成羊三联四防、口蹄疫、羊痘、羊口疮及传染性胸膜肺炎等疫苗的接种工作。

（2）定期驱虫 一般春秋两季寄生虫病严重时，可3个月左右驱虫1次。驱除体内寄生虫，可注射伊维菌素，也可口服阿苯达唑或左旋咪唑等。

（3）单独饲养、精心护理 对种公羊的管理应保持常年相对稳定，最好有专人负责，单独组群，避免公母混养，避免造成盲目交配，影响种公羊的性欲。经常给种公羊刷拭身体，定期修蹄，应耐心调教、和蔼待羊，以驯养为主，防止种公羊出现恶癖。

三、种公羊的调教

1. 调教要求

种公羊一般在10月龄开始调教，体重达到60千克以上时，应及时训练其配种能力。调教时地面要平坦，不能太粗糙或太光滑，不可长时间训练，可调教一段时间后，第二天再次进行调教。

2. 调教训练

（1）刺激训练 给种公羊带上试情布，放在母羊群中，令其寻找发情母羊，以刺激和激发其产生性欲。

（2）观摩训练 让种公羊观摩其他种公羊配种。

（3）本交训练 调教前应增加种公羊的运动量，以提高其运动能力和肺活量。调教时，让其接触发情稳定的母羊，最好选择比种公羊体重小的母羊进行训练，不可让其与母羊咬架。第一次配种完成后，将种公羊送回圈舍休息。

（4）采精训练 选取与种公羊体格匹配的发情母羊作为台羊，当种公羊爬跨时，配种员迅速将种公羊阴茎导入假阴道内，注意假阴道的倾斜方向应与种公羊阴茎伸出的方向一致，整个采精过程避免惊扰种公羊，以利于种公羊在放松的情况下进入工作状态。

四、种公羊的使用频率

种公羊采精要适度。通常情况下，本地品种在8～10月龄、体重达到35～40千克时开始配种；国外品种在10～12月龄、体重达到55～65千克时开始配种。采精一般在配种季节来临前1个月开始训练，每周采精1次，以后增加到每周2次，到配种时每天可采精1～2次，不要连续采精，即使任务繁重，每天采精次数也不应超过3次，防止种公羊使用过度。小于1岁的种公羊，每周采精2次为宜，1～2岁青年公羊可每隔1天采精1次，2～5岁的壮年公羊，每周可采精4～6次。采精次数应根据种公羊的性欲、体能及精神状况，随时进行调整，以确保种公羊的精液质量和使用年限。

第二节 批次化生产的繁殖母羊管理

母羊承担着繁殖产羔的任务，羊场的主要产出就是羔羊。所以，繁殖母羊的管理是整个羊场的重中之重，是决定羊群能否长久发展、品质能否改善和提高的重要因素。母羊的生产管理主要包括空怀期、妊娠前期、妊娠后期、哺乳期等时期的饲养管理。

母羊空怀期是指产羔后到配种妊娠阶段。空怀期的长短直接影响

母羊产羔间隔，产羔间隔又直接影响母羊繁殖率和利用率，必须做到实时监控，才能避免产羔间隔过长。对于配种后没有发情的母羊，要及时做妊娠诊断，妊娠诊断可以采用B超进行早期妊娠检查，没有B超设备的羊场，一般在配种后3个月左右，通过人工触摸胎儿来确定是否妊娠。妊娠3个月后即进入妊娠后期，到达妊娠4～5个月时，要将母羊转入产房待产，产羔后2个月左右断奶，断奶后将母羊转入空怀羊舍恢复体况等待配种。

一、空怀期母羊的饲养管理

母羊空怀期的营养状况直接影响着发情、排卵及受胎，加强空怀期母羊的饲养管理，尤其是配种前的饲养管理，对提高母羊繁殖率十分关键。母羊空怀期因产羔季节不同而不同，母羊的配种季节大多集中在每年的4～6月和9～11月，常年发情的品种也存在一定的季节性，春季和秋季为发情配种旺季。空怀期的饲养任务是尽快使母羊恢复中等以上体况，以利于配种。中等以上体况的母羊发情期受胎率可达到80%以上，而体况较差的母羊，受胎率通常偏低。因此，对处于哺乳期的空怀母羊，应根据体况适当提高日粮营养水平，进行短期优饲，及时对羔羊进行断奶，尽快使母羊恢复体况。

二、妊娠前期母羊的饲养管理

母羊的妊娠期约为5个月，妊娠前3个月为妊娠前期，胎儿发育缓慢，重量仅占羔羊初生重的10%，但做好该阶段的饲养管理，对保证胎儿正常生长发育和提高母羊繁殖率起关键性作用。

母羊在配种14天后，用试情公羊进行试情，观察母羊是否出现返情，可初步判断受胎情况，45天后采用B超进行妊娠诊断，可以准确判断妊娠情况。及时对未妊娠母羊进行试情补配，可以提高母羊繁殖率。母羊妊娠1个月左右，受精卵在附植形成胎盘之前，很容易受外界饲喂条件的影响，如饲喂变质发霉和有毒的饲料、驱赶或惊吓等，容易引起胚胎早期死亡。母羊的日粮营养不全，缺乏蛋白质、维生素和矿物质等，也可能引起受精卵中途停止发育，所以母羊妊娠1个月左右的饲养管理是关键，此时胎儿尚小，母羊所需的营养物质虽

然要求不高，但必须营养全面。在日常管理中，应根据母羊的营养状况及体况适当调整精饲料的饲喂量。

三、妊娠后期母羊的饲养管理

母羊妊娠最后 2 个月为妊娠后期，这个时期的胎儿在母体内生长发育迅速，90% 的初生重是在这一时期长成的，胎儿的骨骼、肌肉、皮肤和内脏器官生长发育很快，营养物质要求优质、平衡。母羊妊娠后期营养不足，会导致羔羊初生重小、抵抗力差、成活率低。

妊娠后期一般母羊体重增加 7 ~8 千克，物质代谢和能量代谢比空怀期高 30% ~40%，为了满足妊娠后期母羊的生理需要，舍饲母羊应增加营养平衡的精饲料。营养不足会出现流产，即使产羔，初生羔羊往往发育不健全、生理调节功能差、抵抗力弱，母羊易出现分娩衰竭、产后缺奶。营养过剩会造成母羊过肥、胎儿过大、母羊难产等问题。妊娠后期应当注意补饲蛋白质、维生素及矿物质丰富的饲料，临产前 3 天要做好接羔准备工作。

舍饲母羊日常活动要以安稳为主，饲养密度不宜过大，要防拥挤、顶撞及摔倒，不能吃霉变饲料和冰冻饲料，不能饮用冰冻水，以免引起消化不良、中毒和流产。羊舍要干净、卫生，保持温暖干燥、通风良好。母羊在预产期前 1 周左右，可转移至产房，为生产做准备。

母羊在妊娠后期不宜进行防疫。羔羊痢疾严重的羊场可在产前 14 ~21 天接种 1 次羔羊痢疾菌苗或五联苗，以提高母羊抗体水平，使新生羔羊获得足够的母源抗体。

四、哺乳期母羊的饲养管理

产后母羊经过阵痛和分娩，体力消耗较大，代谢下降，抗病力降低，如护理不好会影响母羊恢复和羔羊哺乳。

（1）保持环境卫生　产房注意保暖，严防贼风，冬季温度应在 5℃以上，以防繁殖母羊患感冒、风湿等疾病。母羊产羔后，应立即把胎衣、粪便、分娩污染的垫草及地面等清理干净，更换清洁干软的垫草，用温肥皂水擦洗母羊后躯及乳房等被污染的部分，再用高锰酸钾溶液清洗并擦干。

（2）产后喂温水　母羊产后休息半小时，喂适量温水，在温水中加入少量红糖及麦麸，以补充能量，促进母羊体况恢复。

（3）加强喂养和护理　母羊产后身体虚弱，应饲喂易消化的优质干草，5 天后逐渐增加精饲料和多汁饲料，15 天后恢复到正常饲喂方法。泌乳高峰期一般在产后 30～45 天，母羊体内贮存的各种养分不断减少，体重也随之下降，日粮水平应根据泌乳量进行调整。

（4）产后发情监测　在生产中，有的母羊产羔断奶后 1 年内都没有配种妊娠，这样无疑增加了饲养成本。产后不发情的原因很多，如发情表现不明显或者有生殖障碍疾病，因此需要对断奶母羊实施监控，密切注意产后发情情况。对没有及时发情的母羊进行检查，采取人为干预措施促使其发情，若采取措施后仍不发情，应及时淘汰；对配种羊要观察前 2～3 个发情期是否出现返情，及时补配。

第三节　批次化繁控技术操作规程

一、准备工作

1. 药品与设备（表 6-1）

表 6-1　药品与设备

序　号	名　称	规格及参数	单　位	数　量
1	孕酮栓		个	参照母羊数量
2	孕马血清促性腺激素	1000 单位/支	盒	参照母羊数量
3	促黄体素 A3	10 微克/支	盒	参照母羊数量
4	显微镜	400 倍	台	1
5	水浴锅	两孔	台	1
6	假阴道		套	3～4
7	集精杯		个	4～5
8	保温套		个	2
9	玻璃试管	20 毫升	个	4～5
10	胶头滴管		个	2～3
11	开膣器	鸭嘴式	个	2～3
12	头灯	LED	个	2～3
13	不锈钢输精枪		根	3～5
14	注射器	1 毫升	个	3～5

（续）

序　号	名　称	规格及参数	单　位	数　量
15	载玻片		盒	2
16	电热板		个	1
17	恒温载物台		套	1
18	脱脂棉		包	1
19	生理盐水	500 毫升	瓶	4 ~ 5
20	台羊保定架		台	1
21	注射器	10 毫升	盒	1 ~ 2
22	青霉素	160 万国际单位/支	盒	1

2. 场所准备及要求

需要设置采精区、精液品质检查区和配种区，以上区域可以在同一房间内，配种区需要配备输精架。种公羊圈与采精区邻近，待配母羊与配种区邻近。室内要求宽敞、明亮、安静、卫生，地面需硬化、防滑。精液品质检查区应配备必要的仪器设备、试剂、操作台及紫外线杀菌灯等。

二、同期发情处理

（1）孕酮栓埋植　将青霉素粉与孕酮栓均匀混合，用手指伸入母羊阴道口，使阴道润滑疏松，然后将孕酮栓推入母羊阴道口内。

（2）撤栓　埋栓当天记为第 0 天，埋植 12 天撤栓，同时每只羊注射孕马血清促性腺激素 250 ~ 330 国际单位。

三、采精

1. 台羊的准备

台羊应选择身体健康、体格大小与采精种公羊相适应的母羊。选择发情症状明显的母羊作为台羊，可以刺激公羊产生性欲，有利于采精。如用不发情的母羊作为台羊，可先用发情母羊训练采精几次，然后再改用不发情的母羊作为台羊。如果用假羊作为台羊，需要先经过训练，即先用真母羊作为台羊采精数次，再改用假羊作为台羊。

2. 假阴道的准备

1）安装假阴道。检查所用的内胎有无损坏和沙眼，安装时先将

内胎装入外壳，使光面朝内，要求两头等长，然后将内胎一端翻套在外壳上，再使用相同方法安装另一端，注意内胎不能出现扭转，应松紧适度，最后在两端分别套上橡皮圈固定。用长柄镊子夹住70%酒精棉球从内向外旋转消毒内胎，要求消毒全面彻底，待酒精挥发后，再用生理盐水棉球擦拭。左手握住假阴道的中部，右手将温水（50～55℃）从灌水孔灌入，边灌水边晃动假阴道，使假阴道内部充盈，呈三角状，最后塞紧假阴道塞子。消毒好的集精杯，也要用生理盐水棉球擦拭多次，然后安装到假阴道的一端。集精杯外侧应套上保温套，以保持集精杯温度稳定，保证精液品质不受影响。

2）检查温度。将消毒的温度计插入假阴道内检查温度，以采精时达到39～42℃为宜。若温度过高，可能造成烫伤；若温度过低，种公羊无法完成射精行为。

3. 采精

采精人员右手握住假阴道的后端固定好集精杯和假阴道，蹲在台羊右后侧，当公羊爬跨母羊时，将假阴道顺着阴茎伸出方向与地面保持35～40度倾斜角，迅速将种公羊的阴茎引入假阴道内。切勿用手抓碰、摩擦种公羊的阴茎，若假阴道内温度、压力适宜，种公羊后躯会急速用力向前一冲，表明已射精，随着种公羊向后移动，顺势取下假阴道，迅速将假阴道竖起，使精液流入集精杯，取下集精杯，送入配种室待检。

4. 精液品质检查

将采集好的精液放入30℃水浴锅内进行水浴。精液品质检查主要包括精液颜色、气味、射精量、密度及活力等。精液颜色为乳白色或乳黄色、射精量为0.8～1.8毫升、密度在中等以上、活力达到80%，便可用于输精。

5. 精液的稀释

常用的稀释液有0.9%氯化钠溶液、脱脂奶、维生素B_{12}注射液、柠檬酸钠-卵黄-葡萄糖稀释液等。精液稀释倍数一般根据精液密度的不同，将精液稀释5～10倍。稀释前先将精液稀释液放入水浴锅中预热至30℃，然后将稀释液沿集精杯侧壁缓慢注入精液中，稀释后再次进行精液品质检查，合格后方可开始输精。

四、定时输精

撤栓 48 小时后，进行第一次人工输精，注射促黄体素释放激素 A_3 6～8 微克。间隔 10～12 小时进行第二次人工输精。

将发情母羊两后肢架在离地面高度 50 厘米左右的横杠式输精架上，输精前先用 0.01% 的高锰酸钾溶液清洗母羊外阴部，再用生理盐水棉球擦拭并擦干。

各种输精用具在使用前必须彻底洗净消毒，消毒后放入干燥箱内烘干。阴道开膣器及其他金属器材可高温干燥消毒，也可用消毒液和酒精火焰消毒。

将开膣器插入母羊阴道深部之后旋转 90 度，开启开膣器，用头灯或手电筒照明，寻找子宫颈口。一般开膣器开张幅度为 2～3 厘米，开张过大，会刺激母羊发生努责，导致不容易找到子宫颈口。子宫颈口位置不一定在阴道正中间，但其在阴道内呈一小突起，附近黏膜充血而颜色较深，找到子宫颈口后，将输精枪插入子宫颈口内 1～2 厘米处，将精液缓缓注入。若子宫颈口较紧或者不正，可将精液注入子宫颈口附近，适当加大输精量。输精完成后，将输精枪取出，再将开膣器抽出，并注射促黄体素释放激素 A3 6～8 微克/只，将母羊放回圈舍，观察母羊的精神状况及采食情况是否正常。

五、妊娠诊断

传统母羊妊娠诊断方法是通过技术人员用手触摸母羊腹壁，通过触摸胎儿来判断母羊是否妊娠，一般在配种 3 个月左右才能进行检测，时间长而且准确率较低。随着 B 超妊娠诊断技术的普及，现在多数羊场采用 B 超方法进行早期妊娠诊断，一般在配种后 40～45 天进行，较传统触摸法提早 45 天左右，这一技术的应用提高了妊娠诊断的准确性，缩短了羊的空怀天数，降低了饲养成本，提高了羊场的经济效益。B 超诊断法是将超声波回声信号以灰阶的形式显示出来，光线的强弱反映了回声界面对超声反射的强弱，根据声像、图形和母羊的身体结构特点来判断母羊妊娠与否。具体操作方法是将 B 超仪探头涂抹上耦合剂，贴在羊乳房一侧无毛区进行观察，可以观察到黑

色充满液体的孕囊，孕囊内部有白色纽扣状子叶，判断为妊娠。

第四节 批次化繁控技术设计应用实例

一、批次化生产繁殖性能指标制订

依据羊群生产水平，羊场应详细记录繁殖母羊及羔羊的各项指标，羔羊断奶后根据各项数据及时总结，针对羊场生产实际制订相应指标，对各个环节加以改进，以不断提高繁殖成绩，取得良好的生产效益。

（1）每批分娩母羊数＝能繁母羊数×年产胎次÷批次 母羊妊娠期约为5个月，哺乳期一般为2个月，断奶后进行配种，总体繁殖周期约为8个月，即2年3产，年产胎次为1.5胎。根据羊场实际存栏母羊数量及计划批次，可以计算出每批次分娩产羔的母羊数量。

（2）产床数量≥每批分娩母羊数 由于批次化繁殖母羊集中产羔，所以产房中产床数量应该满足每个批次所有分娩母羊使用，即产床数量不小于每批分娩母羊数。对于产床数少的羊场，可以通过增加批次的方式来缩减每批次分娩母羊数量，减少产床的需求量。

（3）每批配种母羊数＝每批分娩母羊数÷配种分娩率 目前，绵羊人工授精技术受胎率约为80%，受胎后由于流产等因素，实际分娩产羔母羊数会小于实际受胎母羊数。根据羊场实际生产情况，对配种分娩率可以有大致的判断，通过期望每批分娩母羊数和实际配种分娩率，可以求出每批次需要参加配种的母羊数量。

二、批次化繁控技术设计实例

由于多数绵羊属于季节性发情动物，湖羊和小尾寒羊是我国繁殖母羊中的优秀母本，可以四季发情，但在实际生产中，春秋两季发情占比较高。考虑到这种因素，在中小型的规模羊场，可以将繁殖工作安排到春秋两季，此时气候、环境等外部条件都比较适宜，便于生产。对于规模较大，繁殖母羊存栏量较多的羊场，如果只在春秋两季进行配种产羔，工作量会比较大，每批次产羔间隔过于紧密，产房运转压力大。此时，应考虑将繁殖工作均摊在全年进行，这样可以使羊场工作合理有序地开展，也可以适当缩减产房数量，降低部分基建成

本。需要注意的是，母羊产羔后身体机能需要恢复，羔羊初期生命体征不稳定，易生病，因此母羊产羔后在产房停留时间不应少于1周，加上母羊产前1~2天进入产房以及离开产房后的清理消毒工作，在实际操作时，每批次配种时间间隔应大于10天。

【案例一】

以1000只能繁母羊的规模化羊场为例，繁殖工作可以安排在春秋两季，假设经产羊和青年羊的配种分娩率均为80%，年产胎次为1.5胎，能繁母羊年更新率为20%（生产中以羊场实际统计数据为准），一年按照8个批次计算，则每批分娩母羊数为187.5只，每个批次配种数约为234只。

（1）全年总体工作计划

全年分娩母羊数 = 1000只 × 1.5 = 1500只

每批次分娩母羊数 = 1500只 ÷ 8 ≈ 188只

每批次配种母羊数 = 187.5只 ÷ 80% ≈ 234只

（2）每批次配种工作安排（图6-1）　埋栓当天为第0天；埋栓第12天，撤出海绵栓，每只羊注射孕马血清促性腺激素（PMSG）330国际单位；撤栓后48小时开始第1次人工输精；输精完成后间隔8~12小时进行第2次人工输精，并注射促黄体素A3 6~8微克/只；间隔14天后，监控母羊返情情况，有返情表现的进行补配。

（3）妊娠检查及妊娠　输精完成后45天用B超仪进行妊娠检查，未妊娠的母羊进入下一批次进行处理，对于连续2个批次未妊娠母羊，应尽早淘汰。

（4）产房及分娩　每批分娩母羊数约为188只，要求羊场产房的产床数量不少于188个，每个批次配种数约为234只。在选择8个批次的情况下，每批次母羊可在产房中停留约15天，整个繁殖工作持续120天，春秋两季分别占用60天，气候、环境都比较适宜生产，产房运行也比较宽松。

【案例二】

以5000只能繁母羊的规模化羊场为例，假设经产羊和青年羊的配种分娩率均为80%，年产胎次为1.5胎，一年按照18个批次计算，

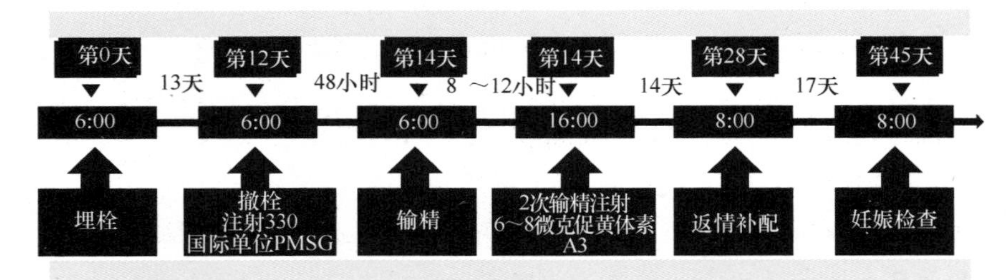

图 6-1　每批次配种工作安排

则每批分娩母羊数为 420 只，要求羊场产房的产床数量不少于 420 个，每个批次配种数约为 525 只。在这种生产模式下，春秋两季分别有 9 个批次母羊进行产羔，考虑到气候、环境等因素，每批次母羊在产房停留时间不超过 10 天，加上清洁、消毒等工作，产房基本处于满负荷运行状态。

全年分娩母羊数 = 5000 只 × 1.5 = 7500 只；每批次分娩母羊数 = 7500 只 ÷ 18 ≈ 420 只；每批次配种母羊数 = 420 只 ÷ 80% = 525 只；产床数量 ≥ 420 个。

【案例三】

以 20000 只能繁母羊的规模化羊场为例，假设经产羊和青年羊的配种分娩率均为 80%，年产胎次为 1.5 胎。这种情况下，如果依然将繁殖工作安排在春秋两季，会造成单批次产羔母羊数量过多，繁殖工作任务重，必然会导致护理不及时，致使羔羊成活率降低，发病率升高，影响生产效益。另外，产羔母羊过多，对产房、产床数量需求较高，会增加基建成本。此时，应考虑进行连续批次生产，如采用 10 天 1 个批次的生产模式，全年共安排 30 个批次生产，则每批分娩母羊数约为 1000 只，要求羊场产房的产床数量不少于 1000 个，每个批次配种母羊数约为 1250 只。

全年分娩母羊数 = 20000 只 × 1.5 = 30000 只；每批次分娩母羊数 = 30000 只 ÷ 30 = 1000 只；每批次配种母羊数 = 1000 只 ÷ 80% = 1250 只；产床数量 ≥ 1000 个。

第七章 规模羊场繁殖工作管理

随着养羊业向养殖规模化、集约化和现代化方向发展，繁殖管理成了母羊繁殖的重要工作内容之一。尤其是规模繁育场，科学的繁殖管理是提高羊群繁殖性能和经济效益的重要保障，提高羊繁殖率具有重要的实际意义。母羊的繁殖管理包括：①制订繁殖目标，实施繁殖计划；②制订具体繁殖性能指标目标值；③不同羊群的繁殖管理工作重点；④繁殖数据记录和结果分析；⑤繁殖疾病监控和治疗；⑥配种人员的岗位责任和考核。

第一节 繁殖性能指标

繁殖性能指标是判断羊群生产水平的直接依据，为便于母羊的繁殖管理，需要制订不同的繁殖性能指标以衡量羊的繁殖性能和配种效果。羊繁殖性能指标可细分为短期繁殖性能指标、长期繁殖性能指标和其他繁殖性能指标。

一、短期繁殖性能指标

短期繁殖性能指标是指能够及时反映母羊繁殖性能和配种效果的指标。常用的短期繁殖性能指标定义及计算公式如下。

1. 应参配羊数

应参配羊指所有应参加配种的母羊，也称应配种母羊，包括产后断奶母羊、达到配种月龄（体重达到要求）的青年母羊，以及配种后返情或流产后可再次配种的母羊。

2. 每天发情率

每天发情率指每天发情母羊数占应参配母羊数的百分比。

计算公式为：每天发情率 = 每日发情母羊数 ÷ 应参配母羊数 ×100%。

3. 参配率

参配率指一定时间内配种母羊数占应参配母羊数的百分比。

计算公式为：参配率 = 配种母羊数 ÷ 同时期内应参配母羊数 ×100%。

4. 受胎率

受胎率指单批次参加配种的母羊中成功妊娠母羊所占百分比。例如，某一批次配种母羊数为 100 只，其中 90 只妊娠，则受胎率为 90%。

计算公式为：受胎率 = 妊娠母羊数 ÷ 参配母羊数 ×100%。

二、长期繁殖性能指标

长期繁殖性能指标反映长时间（如 1 年）内母羊繁殖性能和配种效果的指标。

1. 年度配种率

年度配种率是指本年度发情配种母羊数占本年度全部能繁母羊数的百分比。能繁母羊是指羊场内可以参加配种繁殖的适龄基础母羊。例如，羊场年度能繁母羊数为 1000 只，实际发情配种数为 900 只，那么年度配种率为 90%。

计算公式为：年度配种率 = 配种母羊数 ÷ 能繁母羊数 ×100%。

2. 总受胎率

总受胎率是指一定时间内配种妊娠母羊数占发情配种母羊总数的百分比。

计算公式为：总受胎率 = 妊娠母羊数 ÷ 配种母羊数 ×100%。

3. 分娩率

分娩率是指受胎母羊中成功分娩产羔母羊所占百分比。例如，某一批次配种后妊娠母羊数为 100 只，而成功分娩产羔母羊数为 98 只，则分娩率为 98%。

计算公式为：分娩率 = 分娩母羊数 ÷ 妊娠母羊数 ×100%。

4. 产羔率

产羔率是指所产羔羊数占分娩母羊数的百分比。例如，100只母羊分娩，生产出260只羔羊，则产羔率为260%。

计算公式为：产羔率=产羔数÷分娩母羊数×100%。

5. 羔羊成活率

羔羊成活率是指断奶后成活羔羊数占出生羔羊总数的百分比。例如，产羔数为100只，到断奶期还有98只存活，死亡2只，则羔羊成活率为98%。

计算公式为：羔羊成活率=羔羊成活数÷产羔数×100%。

6. 繁殖率

繁殖率是指产活羔羊数占能繁母羊的百分比。例如，能繁母羊数为1000只，产活羔数为2600只，则繁殖率为260%。繁殖率反映羊场的综合饲养管理水平。

计算公式为：繁殖率=产活羔羊数÷能繁母羊数×100%。

7. 繁殖成活率

繁殖成活率是指断奶存活羔羊数占能繁母羊的百分比。例如，能繁母羊为1000只，断奶存活羔羊数为2400只，则繁殖成活率为240%。

计算公式为：繁殖成活率=断奶成活羔羊数÷能繁母羊数×100%。

8. 产羔间隔

产羔间隔是母羊两次产羔相隔的天数，生产中主要使用平均胎间距。

计算公式为：平均胎间距=所有母羊胎间距总计天数÷母羊只数×100%。

三、其他繁殖性能指标

1. 自愿等待期

自愿等待期指母羊产后恢复正常生殖性能的时期。例如，每年7、8月高温季节不宜进行人工授精。具体的自愿等待期可根据羊场

生产性能、计划产羔时间等做适当的调整。

2. 流产率

流产率指妊娠检查已妊娠母羊（45 天）在分娩前流产的母羊数占妊娠检查已妊娠母羊数的百分比。

计算公式为：流产率 = 流产母羊数 ÷ 妊娠母羊数 ×100% 。

3. 死胎率

死胎率指产死羔母羊数占分娩母羊总数的百分比。

计算公式为：死胎率 = 产死胎母羊数 ÷ 产羔母羊数 ×100% 。

4. 繁殖淘汰率

繁殖淘汰率指因繁殖原因淘汰母羊数占应参配母羊数的百分比。淘汰繁殖母羊的原因很多，包括年龄过大、久配不孕、严重子宫内膜炎、子宫阴道脱出等繁殖障碍疾病。不同羊场制定的淘汰繁殖问题羊的标准不尽相同，因而不同羊场的繁殖淘汰率没有可比性。

第二节 制订合理的繁殖性能指标

不同羊场的饲养水平、羊群结构和技术人员水平不尽相同，其母羊的繁殖性能很难一致。因此，实际生产中，应根据羊场自身的情况，制订合理的母羊繁殖性能指标的目标值，以便于评价母羊的繁殖性能和技术人员的工作业绩。

一、制订母羊繁殖性能指标的原则

结合羊场实际制订本场合理的繁殖性能指标目标值，可参考以下 3 点。

1）参照羊场前两年的实际繁殖情况。

2）参照周边相同水平羊场达到的繁殖性能指标。

3）参考羊繁殖专业书籍和养羊书中的繁殖性能理想目标值。

二、羊繁殖性能指标的制订

羊场可根据实际情况的不同，分别制订青年羊和经产羊繁殖性能指标的目标值。

1. 青年羊繁殖性能指标（表 7-1）

羊的品种和饲养管理水平不同，其初情期各不相同。生产中，如

果后备羊饲养管理科学、合理，初情期后或体重达到成年体重的70%之后，可参加配种。早熟品种，4～5月龄即可达到初情期，过早配种，或者由于后备羊饲养管理水平较差，虽然月龄达到了配种年龄，但是体重较轻，此时配种妊娠可能会影响青年羊自身的生长，导致流产，产前、产后瘫痪，甚至影响其终身生产性能。

表7-1 青年羊繁殖性能指标

项 目	目标值	好	中	差
初情期(月龄)	7	≤7	7～9	≥9
初情期后正常发情率(%)	95	≥95	90～95	≤90
初配月龄	7	7～8	8～9	≥9
初产月龄	12	≤13	13～14	≥14
发情期受胎率(%)	70	≥75	60～75	≤60
繁殖障碍淘汰比例(%)	≤2	≤2	2～3	≥3

2. 经产羊繁殖性能指标（表7-2）

母羊产后参加配种时间取决于羔羊断奶时间（个别羊泌乳期间也可发情）和羊场的管理水平，要以保证羔羊成活率为原则，不能过早断奶。第一胎次母羊的产后配种时间可稍长些，以利于其更好地恢复体况。

表7-2 经产羊繁殖性能指标

项 目	目标值	好	中	差
平均产羔间隔/天	220	≤220	220～240	≥240
产后60～75天参配率（%）	98	≥98	95～98	≤95
平均产后首配天数/天	60	≤60	60～75	≥75
空怀超过120天羊比例（%）	3	≤3	3～5	≥5
平均空怀天数	75	≤75	75～120	≥120
因繁殖淘汰率（%）	3	≤3	3～5	≥5

第三节 羊场繁殖技术人员岗位职责与考核

一、繁殖技术人员的岗位设置

繁殖工作是羊场重要的工作，规模羊场可根据工作实际需要设置繁殖技术人员。繁殖技术人员岗位的数量，取决于羊场的饲养规模、饲养方式和配种方式。一般来说，平均每300～400只羊设置配种技术人员1名。如果配种技术人员需要同时负责羊场繁殖疾病的治疗工作，则应相应增加配种技术人员数量。根据工作需要，规模羊场可设置繁殖主管1名。

二、繁殖主管的职责与考核

规模羊场繁殖主管，主要负责繁殖计划的制订、组织实施，统计分析羊群的繁殖结果，参与人工授精，监督和考核配种、输精人员业绩等。可根据实际情况制订繁殖主管的职责和考核指标。

1. 繁殖主管的职责

羊场繁殖主管职责涵盖以下几方面。

1）制订并组织实施羊场繁殖计划。

2）制订羊场母羊繁殖性能指标。

3）制订配种技术人员考核指标。

4）制订母羊繁殖疾病治疗方案。

5）制订并组织实施羊繁殖障碍淘汰指标。

6）分析繁殖结果，查找影响繁殖性能的主要原因。

7）制订并组织实施新生羔羊管理方案。

8）其他与繁殖有关的工作。

2. 繁殖主管的考核

为增强繁殖主管工作责任心，可根据繁殖主管岗位人员的工作业绩进行奖惩。具体奖惩办法可根据具体情况和繁殖主管实际完成工作质量情况来制订。

三、繁殖技术人员的职责与考核

1. 繁殖技术人员的职责

1）羊发情观察、鉴定。

2）实施同期发情技术、精液品质检查和人工授精。

3）实施妊娠诊断。

4）进行新生羔羊护理。

5）治疗繁殖疾病（有些羊场归到兽医工作范围）。

6）记录和整理繁殖数据。如果为纸质记录资料，那么使用计算机管理羊繁殖时，还要负责将繁殖记录输入计算机繁殖管理软件。

7）协助繁殖主管分析繁殖结果，查找影响繁殖结果的原因。

2. 繁殖技术人员的考核

1）根据羊场制订的配种技术人员职责进行考核。

2）每天是否按照要求观察和记录羊发情情况。

3）是否达到制订的母羊繁殖性能指标。

有些繁殖性能指标受营养水平、饲养管理水平或疾病等因素影响较大，如发情率、妊娠率、繁殖疾病发生率、流产率，以及繁殖障碍淘汰羊比例等，考核时仅供参考。

3. 繁殖技术人员的激励机制

为了激励繁殖技术人员工作热情和责任心，羊场可根据繁殖技术人员工作业绩进行奖惩。具体奖惩办法可根据养殖场具体情况，结合繁殖技术人员实际完成工作的情况制订。

第四节　母羊繁殖疾病的监控

繁殖疾病是影响母羊繁殖率的重要因素。母羊疾病，特别是产后繁殖疾病的监控，对提高母羊繁殖性能具有重要意义。母羊繁殖疾病可分为生殖道疾病和卵巢疾病。

一、生殖道疾病的监控

母羊产后生殖道监控包括以下指标：

1）生殖道拉伤、撕裂等情况。

2）胎衣滞留情况。

3）产后 7 天恶露排出情况。

4）子宫和子宫颈恢复情况。

5）产后 45 天子宫炎、子宫积脓、子宫积液情况。

6）子宫和输卵管粘连情况。

7）青年羊子宫和输卵管发育情况。如果外购青年母羊，应特别注意可能存在的生殖系统畸形情况。

对母羊进行生殖道疾病监控时，有些指标可以通过外部观察发现，而有些指标则需要经过超声波检查。

二、卵巢疾病的监控

母羊产后卵巢监控包括以下指标。

1）卵泡与黄体发育。

2）卵泡囊肿与黄体囊肿。

3）持久黄体。

4）卵巢静止。

第五节 羊场繁殖记录与繁殖结果分析

一、羊场繁殖记录

羊场的繁殖记录包括发情、配种、返情、妊娠诊断、分娩产羔、繁殖疾病监控与治疗等记录。羊场的繁殖记录十分重要，越详细越好，对进行羊繁殖性能分析、及时查找影响羊繁殖性能的因素具有重要意义。羊场繁殖记录内容见表7-3。

表7-3 羊场繁殖记录内容

序号	记录内容
1	母羊号
2	配种日期
3	参配公羊
4	输精配种次数
5	配种后返情时间情况
6	B超妊娠诊断时间及结果
7	流产情况
8	预计产羔日期
9	羔羊编号及初生重
10	助产情况
11	繁殖障碍羊号、比例及原因
12	繁殖淘汰情况

对于青年羊，应补充记录初情期月龄、初配体重等内容。羊场繁殖技术人员可结合羊场的实际情况进行记录，越详细越好。

二、羊场繁殖记录常用表格

繁殖技术人员应根据羊场实际情况，制作记录本或表格，随时记录羊繁殖情况。纸质记录本的优点如下。

1）纸质记录可长期保存、随时查阅，对人员要求不高，不需要培训。

2）计算机管理软件的使用需要计算机等硬件设备，录入人员要有一定的计算机基础知识，对人员要求较高。

3）因为不同管理软件常不兼容，如果羊场不同管理人员使用不同的管理软件，就会比较麻烦。

4）羊场繁殖纸质记录是计算机管理软件录入的基础材料。

三、羊配种记录数据分析与管理

为了评价羊繁殖性能和配种受孕产羔结果，考核繁殖技术人员的工作业绩，繁殖主管和技术人员应及时分析羊场繁殖效果，为提高羊繁殖率提供依据。

1. 定期分析繁殖数据

及时分析和总结繁殖记录数据是技术人员的责任。每年年底要分析上一年度羊的繁殖情况，制订下一年度的繁殖性能指标；每月分析当月繁殖性能指标和繁殖计划完成情况，包括产羔情况、繁殖疾病发病和治疗情况、参配羊情况、受胎率情况；每周分析母羊发情和配种情况、繁殖周计划完成情况等；每天分析当天配种工作完成情况。

2. 定期分析影响繁殖性能指标的因素

至少每个月定期分析影响繁殖性能指标的具体因素。

3. 制订改进繁殖性能指标的措施

针对羊场繁殖性能指标和影响繁殖性能指标的主要因素，制订合理的改进措施并实施。

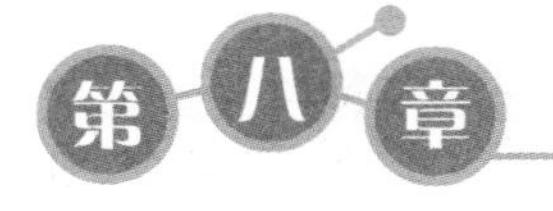

第八章 规模羊场繁殖疾病防治

第一节 繁殖母羊常见疾病

一、卵巢囊肿

【病因】 卵巢囊肿可分为卵泡囊肿和黄体囊肿。卵泡囊肿就是卵巢上卵泡发育成熟后不排卵，卵泡壁变薄，或者部分卵泡细胞黄体化，卵泡内充盈卵泡液，形成表面光滑的较大卵泡并长时间存在于卵巢上，由于卵泡持续存在而分泌大量雌激素，有些患病母羊表现持续发情，甚至出现慕雄狂表现。

黄体囊肿就是成熟卵泡排卵后的颗粒细胞及卵泡膜细胞在促黄体素的作用下，大量增生，形成体积较大的黄体。或者成熟的卵泡并不排卵，但其颗粒细胞和卵泡膜细胞在促黄体素的作用下黄体化并分泌孕酮的病理现象。

【症状】

（1）卵泡囊肿 主要是由于卵泡壁细胞变性，让卵泡壁增生，从而使得卵泡发育到成熟卵泡大小而不排卵。通常卵巢一侧或两侧表面存在一个或数个未排卵卵泡，体积较大，卵泡壁变薄，表面光滑。患病母羊发情无规律，长时间或连续性发情。

（2）黄体囊肿 主要由排卵卵泡壁上皮细胞黄体化引起，囊肿一般存在于单侧卵巢，囊肿黄体壁较厚，内有大量液体。囊肿黄体存在超过 20 天，母羊一般不表现发情，体内雌激素浓度低，孕酮浓度高。

【防治】

（1）卵泡囊肿 治疗卵泡囊肿时，首先要使囊肿的卵泡黄体化，

然后再消除黄体。因此，治疗卵泡囊肿的主要方法是应用生殖激素，促进囊肿的卵泡黄体化。常用的激素有促性腺激素释放激素、孕酮及前列腺素等。

（2）黄体囊肿　治疗黄体囊肿时应溶解黄体，主要方法是利用前列腺素及其类似物进行治疗，包括催产素及垂体后叶素等药物。

二、流产

流产是指母羊妊娠期未满而中断妊娠，因胎儿与母体的正常关系受到破坏，胎儿不足月排出子宫外。流产分为小产、流产和早产。

【病因】　导致流产的原因很多，常见的原因包括传染病、产科疾病、营养不良、药物中毒、外科损伤及应激等。传染病导致的流产通常为群体性流产，当群体中多数妊娠母羊出现集中性流产时，应首先考虑传染病因素。产科疾病及外科损伤多为散发性流产，发现有流产母羊时，根据病史和临床症状即可做出初步诊断，必要时需结合病原学检查进行确诊。

由微生物病原感染导致的流产，多见于布鲁氏菌病、沙门菌病、支原体病、衣原体病、弯曲菌病、毛滴虫病、弓形虫病及某些病毒性传染病等，通常表现为群发性流产。

生殖器官疾病包括先天性生殖器官畸形、子宫内膜炎、卵巢的黄体病变、子宫粘连、阴道脱出、阴道炎、胎膜炎及胎水过多等。

饲养管理不当，如饲草和精料严重不足，饲料发霉腐败、酸败、冰冻、有毒，环境温度过高、湿度过大，剧烈运动、打斗、滑倒、惊吓，长途运输时过度拥挤及注射应激等。

【症状】　母羊出现流产症状时，多精神沉郁、饮食废止，有腹痛、子宫收缩及羊水排出等表现。也有母羊流产前无任何症状，突发流产。部分母羊在妊娠早期，会出现隐性流产，胎儿不排出体外，自行溶解，溶解物排出子宫外，也见有胎骨在子宫内残留。隐性流产通常发生在妊娠早期，主要是妊娠第一个月，胚胎没有形成胎儿，临床上难以看到母羊有什么症状，主要表现为配种后发情，发情周期延长，习惯性久配不孕等。

早产是指排出不足月的胎儿。这类流产的症状和过程与正常分娩相似，胎儿是活的，因为不是足月产出，故称为早产。

小产是指排出死亡而未变化的胎儿。这是流产中最常见的一种，通常称为小产病，羊表现为精神不振，食欲减退或废绝，腹痛，起卧不安，阴门流出羊水，胎儿排出后逐渐变安静。

死胎是指胎儿在母体内死亡后由于子宫收缩无力，子宫颈不开张或开张不全，而死亡的胎儿长期留在子宫内称为死胎，也称作延期流产。根据子宫颈口是否开放分为胎儿干尸化和胎儿浸溶。胎儿干尸化是指胎儿死亡后未被排出，其组织中的水分及胎水被吸收变为棕色，像干尸一样，多由于胎儿死亡后黄体不萎缩，子宫颈口不开放所致。胎儿浸溶是指妊娠中断后死亡胎儿的组织被分解变为液体流出，骨骼部分仍旧留在子宫内。胎儿浸溶的原因为胎儿死亡后黄体萎缩，子宫颈口部分开放，腐败菌等微生物从阴道进入子宫及胎儿，胎儿的软组织分解液化排出，骨骼则因子宫颈口开放不全而滞留于子宫内，此时病羊经常发生努责，阴道内排出红褐色和棕褐色有异味的黏稠液体，后期排出脓汁，严重时可诱发子宫内膜炎、腹膜炎及败血症等。

习惯性流产指自然流产连续发生 3 次以上。其特征往往是每次流产发生在同一阶段，也可能下次流产比上次流产稍长些。这类流产是普通流产中较典型的表现形式，其原因多见于子宫发育不良、瘢痕、有难产和剖腹产病史、黄体发育不良以及孕酮不足等。

先兆性流产指妊娠母羊因某些原因出现流产的先兆，如采取有效的保胎措施，能够防止先兆性流产，是普通流产的一种表现形式。其原因多见于外科手术、意外损伤、环境应激等，表现为母羊出现腹痛、不安、呼吸和脉搏加快等现象，但阴道检查时可见子宫颈口还是闭锁的，子宫颈黏液栓尚未溶解，有时可感触明显的胎动和子宫阵缩现象，B 超检查，胎儿尚存活。

【防治】 以加强饲养管理为主，重视传染病的检疫防治，根据流产发生的原因，采取有效的防治措施。在流产中，对于已排出了不足月胎儿和死亡胎儿的母羊，一般不需进行特殊处理，但需加强饲养护理。对有先兆流产的母羊，可用孕酮注射液肌内注射，连用数次。

死胎滞留时应采用引产和助产措施，胎儿死亡而子宫颈未开张时应先注射雌激素，如己烯雌酚注射液或苯甲酸雌二醇，待子宫颈开张，从产道拉出胎儿。母羊出现全身症状时应对症治疗。

对妊娠母羊应给予充足的优质饲料，严禁饲喂冰冻、霉变或有毒饲料，防止妊娠母羊饥饿、过渴、过食、暴饮。妊娠母羊要适当运动，防止挤压、碰撞、跌摔、鞭打惊吓和追赶猛跑，做好防寒防暑工作。合理选配，防止偷配乱配，母羊的配种预产都要记录，妊娠诊断和阴道检查时要严格遵守操作规程，禁止粗暴操作。对羊群要定期检疫、预防接种、驱虫和消毒，及时诊治疾病，谨慎用药。当羊群发生流产时，首先进行隔离消毒，边查原因边进行处理，以防侵袭性流产的发生。

三、母羊围产期瘫痪

母羊围产期瘫痪是妊娠后期母羊既无导致瘫痪的局部因素（如腰、臀及肢体损伤等），又无明显的全身症状，但不能站立的一种疾病。该病多见于冬、春季节，以及体弱和衰老的妊娠羊，通常发生于分娩前的 1 个月以内。

【病因】 饲养管理不当，饲料单一、质地不良及缺乏营养可能是发病的主要原因，如饲料中严重缺乏糖、脂肪、蛋白质、矿物质（钙、磷缺乏或比例失调）、维生素 D、维生素 A 及微量元素等。该病也可以继发于胎水过多、妊娠毒血症、酮病、捻转血矛线虫病、严重子宫扭转及风湿病等。

【症状】 病羊初期步态不稳，起立困难，最后不能站立，卧地不起，个别母羊突然倒地，不能直立，四肢无明显病理变化，无疼痛现象，也无明显全身症状，食欲正常，病程较长，可能引发阴道脱出、褥疮甚至败血症。如果该病发生后不久即分娩，则产后大多能自愈。

【防治】 母羊妊娠后期应加强饲养管理，保证机体对糖、蛋白质、矿物质、维生素及微量元素的需要。补充精料，饲喂优质干草和青绿饲料，加强运动，加强围产期护理。

四、阴道脱出

阴道脱出是阴道壁部分或全部外翻并脱出于阴门之外的一种产科疾病。阴道壁黏膜暴露在外面，引起阴道黏膜充血、发炎，甚至形成出血溃疡或坏死，多发生于妊娠后期。

【病因】 饲养管理不当、运动不足、年老体弱，使阴道周围的组织和韧带迟缓，妊娠至后期因腹压增大而发病。此外，还见于分娩和胎衣不下、努责过强，或助产拉出胎儿时损伤产道等情况。胃肠炎、寄生虫病引起妊娠母羊严重腹泻、虚脱及消瘦，也可致病。

妊娠后期胎盘分泌雌激素增多、卵泡囊肿、使用雌激素时间过长或剂量过大，均可导致体内雌激素过多，使盆骨内固定阴道的组织、阴道及外阴松弛而发病。

妊娠后期母羊腹压增大，若遇到腹压增高的疾病，如瘤胃臌气、长期便秘、顽固下痢、胎儿过大、胎水过多、分娩或胎衣不下、努责过强等，极易发生阴道脱出。患产前瘫痪、严重骨软症的母羊，因长期卧地不起，使腹压增高，压迫阴道壁，使之脱出发病。

饲养管理不当，多见于老龄妊娠母羊营养不良、运动不足、产后过度疲劳或体质虚弱等，导致阴道周围的组织和韧带迟缓。另外，阴道黏膜水肿等也可引发该病。

【症状】 阴道完全脱出时，如拳头大小，子宫颈仍闭锁。阴道部分脱出时，仅见阴道入口部脱出，大小如桃子。外翻的阴道黏膜发红甚至青紫，表面附有黏性分泌物，局部水肿，因摩擦可损伤黏膜，形成溃疡，局部出血或结痂。炎症侵害达肌肉层时病羊反应加重。

病羊一般症状较轻，多见病羊不安，回顾腹部，拱背努责，作排尿姿势，喜欢卧地，脱出的阴道被泥土、垫草及粪便污染，局部可被细菌感染而化脓或坏死，严重者全身症状明显，体温可高达40℃以上。

【防治】 增加妊娠母羊的运动量，减少卧地时间，卧地时最好前低后高，及时给予营养丰富、易消化的草料。适当减料，防止妊娠母羊发生便秘和腹压增高。轻微阴道脱出一般在分娩后即可恢复。对

于阴道全部脱出或部分脱出不能回缩者，应及早整复固定，防止再脱；若脱出严重，病羊卧地不起，同时努责强烈，妊娠难以继续维持下去，应考虑及早进行人工引产或剖腹产。经过治疗后，恢复效果不佳的，应及早淘汰。

五、胎衣不下

胎衣不下又称胎膜滞留，是指母羊在分娩后胎衣在正常时间内仍然没有排出体外。产后胎衣正常排出时间：山羊约为 2.5 小时，绵羊约为 4 小时，奶山羊约为 6 小时。

【病因】 消瘦、过肥、老龄体弱、运动不足及胎儿过大等，都能使羊发生子宫迟缓。胎儿过多或过大，排水过多，难产时间过长，流产、早产、生产瘫痪、子宫扭转、难产后子宫肌疲劳、产后未能及时给羔羊哺乳等，致使催产素释放不足，都能影响子宫肌收缩。

① 胎盘未成熟和老化。未成熟的胎盘母体子叶胶原纤维呈波浪形，轮廓清晰，不能完成分离过程，因此早产时间越早，胎衣不下的发生率越高。胎盘老化时，母体胎盘结缔组织增生，母体子叶表层组织增生，使绒毛在腺窝中不易分离，胎盘老化后内分泌功能减弱，使胎盘分离过程复杂化。

② 胎盘充血和水肿。在分娩过程中，子宫异常强烈收缩或脐带血管关闭太快会引起胎盘充血，使绒毛钳闭在腺窝中，同时还会使绒毛和腺窝发生水肿，不利于绒毛中的血液排出，压力不能降低，胎盘组织之间持续紧密连接，不易分离。

③ 胎盘炎症。妊娠期间子宫受到感染，如李氏杆菌、胎儿弧菌、沙门菌、支原体、霉菌、毛滴虫及弓形虫等，发生子宫内膜炎及胎盘炎，结缔组织增生，胎儿胎盘与母体胎盘发生粘连。

④ 胎盘组织构造。羊胎盘属于上皮绒毛膜与结缔组织绒毛膜混合型胎盘，胎儿胎盘与母体胎盘联系紧密，是母羊发生胎衣不下的主要原因。

【症状】 胎衣不下的母羊，背部拱起，不断努责，严重者会引起子宫脱出。胎衣不下超过 1 天，胎衣腐败，腐败产物可被吸收，使病羊全身症状加重，精神沉郁，体温升高，呼吸加快，食欲减退或废绝，产乳量减少或泌乳停止，从阴道中排出恶臭的分泌物，一般5~10天胎衣发生腐烂脱落。此病往往并发或继发败血症、破伤风、气肿疽、子宫或阴道的慢性炎症，甚至导致病羊死亡。山羊对胎衣不下的敏感性比绵羊高。

① 全部胎衣不下。分娩后未见胎衣排出，胎衣全部滞留在子宫内，少量胎衣呈带状，悬垂于阴门之外，呈土红色，表面有大小不等的子叶，之后胎衣腐败，恶露较多，有时继发败血症。

② 部分胎衣不下。排出的胎衣不完整，大部分垂于阴门之外，或胎衣排出时发生断离，从外部不易发现，恶露排出量较少，但排出时间延长，有臭味，其中含有腐烂的胎衣碎片。

【防治】 饲喂含钙及维生素丰富的饲料，加强运动，尽可能让母羊自己舔干羔羊身上的黏液。必要时应用药物，促进子宫复旧和排出胎衣，预防子宫内膜炎。

六、子宫内膜炎

子宫内膜炎是子宫黏膜的炎症，主要表现为母羊不孕、子宫及附件的炎症，严重者可导致子宫积脓坏死，可发展为败血症或脓毒败血症。该病是母羊常见生殖器官疾病之一，绵羊、山羊均可发生。

常于分娩后发生，一般为急性子宫内膜炎，如治疗不当，炎症扩散可引起子宫肌炎、子宫浆膜炎、子宫周围炎，常转为慢性炎症，是导致母羊不孕的主要原因之一。

【病因】 主要由于分娩助产导致子宫脱出、阴道脱出、胎衣不下、腹膜炎、子宫复旧不全、流产、死胎滞留在子宫内，或由于人工授精和接产过程中消毒不严造成子宫和产道损伤等因素导致细菌感染而引起的子宫黏膜炎症，继发于传染病和寄生虫病，如布鲁氏菌病、沙门菌病及弓形虫病等。

【症状】 该病临床可分为急性和慢性2种，按其病理过程及炎症的性质可分为卡他性、出血性和化脓性子宫内膜炎。

① 急性子宫内膜炎。初期病羊表现食欲减弱，精神欠佳，反刍

减少，体温升高，有疼痛反应而磨牙、呻吟，可继发前胃迟缓，拱背努责，不断作排尿姿势，阴户内流出红色黏性分泌物，严重时呈现衰竭、昏迷，甚至死亡。

② 慢性子宫内膜炎。病情较急，性轻微，病程长，子宫分泌物量少，常有明显的全身症状，如不及时治疗，可发展为子宫坏死，继而全身恶化，发生败血症或脓毒败血症，有时继发腹膜炎、肺炎、膀胱炎及乳腺炎等。

【防治】 加强饲养管理，保持圈舍和产房清洁卫生，临产前后对母羊阴门及周围部位进行消毒，人工授精和助产时应注意器械、术者手臂和母羊外生殖器的消毒。及时治疗流产、难产、胎衣不下、阴道炎、子宫内翻及脱出等生殖器官疾病，以防造成子宫损伤和感染。积极防治布鲁氏菌病、沙门菌病及弓形虫病等侵袭性疾病。

七、乳腺炎

乳腺炎是乳腺、乳池及乳头局部的炎症，主要表现为乳腺发生各种不同性质的炎症，使乳房发热、红肿及疼痛，影响母羊泌乳机能。常见的临床型乳腺炎有浆液性、卡他性、化脓性、出血性、蜂窝织炎性与隐性乳腺炎。

【病因】 多由非特异性微生物从乳头管侵入乳腺组织引起。母羊乳腺炎常见的病原有金黄色葡萄球菌、溶血性巴氏杆菌、大肠杆菌、乳房链球菌及无乳链球菌等。营养不足、圈舍卫生不良、挤奶消毒不严、乳头咬伤或砸伤、停乳不当、乳头管给药时操作不当或污染也可引发该病。

【症状】 隐性乳腺炎一般不显示临床症状，全身无反应，仅乳汁理化性质改变，乙醇阳性反应出现轻微沉淀物。急性乳腺炎临床炎症明显，乳房局部红、肿、热、痛、硬结，乳量减少，乳汁变性，乳汁中混有黄色脓汁样和稀薄灰红色脓液，也见有乳中带血、乳质红染；全身症状明显，炎症延续，表现精神沉郁，食欲减退，反刍停止，病羊体温可高达 41℃，呼吸和心跳加快，羔羊吮乳时母羊抗拒躲闪；乳汁镜检，内有大量细菌和白细胞。若炎症转为慢性，则病程延长，由于乳房硬结，丧失泌乳机能。化脓性乳腺炎可形成脓腔，使腔体与乳腺管相通，并穿透皮肤可形成瘘管，形成蜂窝织炎。山羊可患坏疽性乳腺炎，呈地方流行性，多发生于产羔后1~4周。

【防治】 加强饲养管理，适当补喂草料，避免严寒和烈日曝晒，杀灭蚊虫，搞好卫生，定期清扫、消毒羊圈，保持圈舍干燥、卫生。挤奶时用温水，防止母羊乳房受伤。做好分群断奶工作，断奶要逐步进行。

第二节 种公羊常见繁殖疾病

公羊繁殖疾病是指公羊由于各种因素，导致繁殖机能缺陷而引起生育能力降低、缺乏或丧失配种能力所表现的一类性功能障碍症候群。从病因学分析，公羊繁殖疾病可分为两大类，其一是先天遗传性繁殖障碍病，其二是后天获得性繁殖障碍病，通常以公羊的性器官发育不全和缺失、性器官结构和组织损伤、精子产生和品质发生病变、性欲缺乏和配种不孕、外生殖器官畸形和损害为临床特征。后天获得性繁殖障碍病主要是由后天饲养管理不当、繁殖技术不当、环境和有毒物质的影响、精子生成障碍和激素分泌失调引起的。此外，各类普通病（如贫血、胃炎、微量元素和维生素缺乏症、挫伤及睾丸炎等）、传染病（如布鲁氏菌病、弯曲杆菌病、口蹄疫、副结核病、羊瘟、恶性水肿病等）、寄生虫病（如肝片吸虫病、绦虫病及血孢子虫病等），病因复杂，具有多种因素，涉及面广，疾病的发生发展往往使种公羊丧失种用价值而被淘汰，因此严重地影响公羊种质资源作用的发挥，直接危害羊群的繁殖和发展，给羊场也带来了极大的经济损失。此类疾病发生时，种公羊的睾丸、附睾、输精管、精索副性腺、阴囊、阴茎包皮等器官发病互为联系，相互影响。

一、先天性繁殖障碍病

【病因】 主要见于羊场和养羊专业户饲养管理不当，长期忽视种羊科学选育，盲目无计划配种，追求近期经济效益，形成近亲繁殖和种间杂交，缺乏现代先进检测技术设备，难以发现和杜绝遗传性疾

病，如单基因遗传病、多基因遗传病及染色体遗传病的发生。未能严格执行选种选配标准，纯种繁殖改良计划不合理，致使羊群中患有两性畸形、卵巢发育不全及免疫性繁殖障碍等疾病的母羊所产羔羊携带隐性变异基因形成潜在隐患，进而引发公羊不育症的发生。

【症状】 先天性繁殖障碍病主要来自遗传，由染色体异常和发育不全导致，临床表现主要见于克兰菲尔特综合征、染色体移位、两性畸形、无精子和精子形态异常及性机能紊乱等。

【防治】 制订科学配种选育计划，严格按照配种方案进行配种工作。选择不同血缘关系的种公羊进行杂交，避免出现近亲繁殖。

二、隐睾

患病公羊阴囊小或缺失，临床常见单侧性或双侧性隐睾。

【症状】 单侧性隐睾可在阴囊内触摸到一个睾丸，睾丸大小合适，质地正常，公羊可能具有生育能力。单侧性或双侧性隐睾，当睾丸隐藏在腹腔或腹股沟管内时，因受温度影响使精子上皮变性，精子生成受到影响，睾丸变小而且柔软。双侧性隐睾往往不育，但公羊性欲和性行为基本正常。

【防治】 一般隐睾患病公羊不建议留作种用，应尽早淘汰，以免影响羊群繁殖率。也可观察判断种公羊是单侧性隐睾还是双侧性隐睾，双侧性隐睾的公羊不具有生育能力，应当尽早淘汰，单侧性隐睾的公羊应进行精液品质检查，观察公羊是否有生育能力，再决定是否留作种用。

三、睾丸炎

【病因】 睾丸炎通常由细菌和病毒引起。睾丸本身很少发生细菌性感染，因为睾丸有丰富的血液和淋巴液供应，对细菌感染的抵抗力较强。细菌性睾丸炎大多数由邻近的附睾发炎引起，所以又称为附睾-睾丸炎。常见的致病菌是葡萄球菌、链球菌、大肠杆菌等。睾丸炎临床表现可分为急性睾丸炎和慢性睾丸炎。

【症状】 急性睾丸炎病羊体温上升至40℃及以上，食欲减退，走路时后肢分开、弓背、拒绝爬跨，睾丸局部肿大、发热、疼痛，阴囊肿胀发亮，触摸可发现睾丸紧缩，质地变硬，内有积液，精索粗硬，严重者可并发睾丸化脓，以致激发弥漫性化脓性腹膜炎。慢性睾丸炎病羊病情缓和，热反应不明显，睾丸可纤维化，弹性变硬而缩小，严重者生精能力降低或丧失。

【防治】 细菌感染的炎症可选用头孢类抗生素、阿奇霉素或氟喹诺酮类药物，如盐酸左氧氟沙星等。病毒感染可使用干扰素抑制病毒复制来缩短病程，可以使用糖皮质改善症状。急性睾丸炎一般 2 周可以有效治愈，慢性睾丸炎疗程通常超过 1 个月。

四、睾丸变性

【病因】 羊睾丸变性多由各种慢性感染因素所导致，最开始可能只是轻微感染，不出现明显症状，对生育能力未产生明显影响，由于难以发现或治疗不及时，炎症逐渐扩散，最终导致睾丸变性。

【症状】 睾丸变性的公羊原先表现为睾丸发育和生育能力正常，睾丸变性后则睾丸体积缩小，睾丸先软化后变为硬结，精液呈水样，精子活力差，畸形精子增加，最终导致公羊暂时性或永久性生育能力降低和不育，但公羊性欲和交配能力一般不受影响。

【防治】 由于羊睾丸变性症状不明显，因此难以发现和及时采取治疗措施。养殖过程中应当注意圈舍卫生，经常观察羊只情况，检查精液质量，对出现水样精液、精液活力差或畸形精子增加的情况，应尽早进行抗感染治疗，消除炎症。

五、睾丸发育不全

【病因】 睾丸发育不全是指公羊一侧或双侧睾丸的全部或部分发育不全，生精小管生精上皮不完全发育或缺乏，往往由隐性基因引起的遗传疾病或非遗传性的染色体组织异常所致。

【症状】 公羊外表体征生长发育正常，精神良好，食欲正常，行为无异常表现，第二性征性欲和交配能力基本正常，仔细检查睾丸时可见到睾丸体积较正常公羊小，触摸较软、缺乏弹性，镜检精液无精子或精子活力差、畸形精子百分率高，采精时发现无精或少精，也有极少数病例表现为精液品质接近正常指标但受精率低。

【防治】 睾丸发育不全多为先天性疾病，应及时检查精液品质，对于射精量过少、精液品质异常的公羊，应尽早淘汰。

六、附睾炎

【病因】 附睾炎是公羊常见的一种生殖器官疾病，多为进行性接触性传染而发生附睾炎，进而演变成以精液变性和精子肉芽肿为特征。附睾炎主要由流产、布鲁氏菌和马耳他布鲁氏菌感染，此外也可由精液放线杆菌、杨棒状杆菌、杨氏组织杆菌及巴斯德杆菌等感染。病原经由血液和生殖道上行感染，传播途径为公羊互相爬跨。

【症状】 患病公羊与患布鲁氏菌病流产后发情的母羊交配有关。化脓性葡萄球菌感染多为阴囊损伤而引起临床表现，多呈现特殊的化脓性附睾炎及睾丸炎症状，炎症可发生在一侧附睾也可发生在双侧附睾。患病羊体温在初期升高至40℃及以上。急性期食欲减退，精神沉郁，喜卧地行走，公羊不愿交配，检查阴囊可见阴囊肿大、表皮紧绷，有疼痛反应。将精液在显微镜下检查可发现不成熟精子和畸形精子比例增高，精子活力降低。公羊多数生殖功能丧失是由该病造成的，严重者可引起死亡。

【防治】 患病羊停止采精，给予抗生素治疗，可使用一般镇痛剂止痛。局部热敷，如有脓肿形成，需要切开引流。

七、精液滞留

精子不能正常排出，滞留于附睾和输精管道，称为精液滞留。精液滞留会使精液品质下降。该病能引起精液囊肿和精子肉芽肿，羊常为单侧发病，另一侧睾丸基本正常，故尚具有一定的生育能力。

【症状】 常可见到附睾头精液囊肿，附睾头增大变硬，无疼痛肿胀，发生精子肉芽肿。附睾部可触摸到坚硬的肉芽肿，直径可达1~2厘米，镜检可发现其中存在病原微生物和白细胞，精子活力降低、变性。病理变化表现为附睾组织管道内有精液滞留，精子聚积结成团块，分裂死亡。附睾管道形成精液囊肿，睾丸间质和实质组织中精原细胞、支持细胞及间质细胞发生变性乃至形成肉芽样。

【防治】 患病羊停止采精，给予抗生素治疗消除炎症。经常检

查精液品质，对于射精量过少、精液品质过差的公羊应尽早淘汰。

八、阴囊、阴茎及包皮损伤

阴囊损伤，包括各种阴囊的穿透性、非穿透性损伤以及钝性挫伤，是公羊常见的生殖器官外伤之一。由于损伤多直接危及睾丸，常发生炎症和肿胀而使睾丸强度和压力发生改变，因此阴囊损伤可能严重影响睾丸的生精能力。由于创伤性质的不同，临床表现各有特点：穿透性机械损伤一般形成撕裂的创口，边缘不整齐，伴有疼痛反应，伤口感染后阴囊肿胀发热，有炎性渗出物流出；钝性挫伤，常使阴囊内部血管破裂，形成阴囊肿胀，也见有阴囊皮肤表面无明显伤痕，仅表现阴囊肿胀、湿热疼痛，触诊睾丸有波动感，公羊拒绝交配，钝性损伤可形成血肿，血清被逐渐吸收，可出现阴囊总鞘膜与睾丸白膜发生粘连，阴囊变硬或血肿继发感染而化脓，严重者可能出现全身症状；阴茎和包皮损伤，也涉及尿道损伤形成合并症，常见的有撕裂伤、挫伤、尿道破裂和阴茎血肿。该病在临床上多见于公羊交配时阴茎海绵体高度充血，因母羊骚动使阴茎突然弯折引起，或公羊跨越围栏被锐利异物刺割伤。

【症状】 阴囊、阴茎和包皮损伤时常见有局部组织发生撕裂、挫伤、尿道破裂和阴茎血肿，创口流出血液和炎性分泌物，伤口部及周围组织肿胀，阴茎麻痹时垂出不能收回，下垂的阴茎上皮增厚、裂伤和溃疡；包皮和阴茎头部出现炎症，精液混有鲜血和凝血块；阳痿，阴茎不能勃起或硬度不足，不能完成交配。

【防治】 清理伤口，整复缝合，包扎消毒，化脓创伤和瘘管用3%双氧水（过氧化氢）溶液清洗，也可用0.1%高锰酸钾溶液或生理盐水溶解青霉素、链霉素进行消毒清洗。对于阴茎包皮感染者，局部清洗消毒后，涂上红霉素或金霉素软膏进行灭菌。

九、阴茎麻痹

阴茎下垂露出、包皮口外无紧张性、不能自动缩回者，称为阴茎麻痹。

【症状】 常见于脊髓神经及其分支和阴茎损伤的公羊，仅有性

欲可爬跨，但阴茎不能勃起和插入母羊阴道，松软地垂露于包皮口外，并且不能缩回，阴茎脱出部分上皮脱落或角化增厚，上皮有裂伤和溃疡，并发阴茎头和包皮炎症。

【防治】 进行抗生素消炎治疗，清洗伤口及溃疡。治疗无效的公羊应尽早淘汰。

十、血精

【病因】 血精可见精液中混有鲜血和凝血碎块，经常发生于副性腺和尿道炎症，阴茎头裂伤、刺伤等。

【症状】 尿道炎引起的血精使公羊排尿和射精痛苦，公羊因疼痛而不愿爬跨，精液呈暗红或浅红色，并混有血块和其他炎性产物，有时尿中带血。勃起出血一般表现不明显，临床症状仅在阴茎勃起时有滴状或细线状鲜血从阴茎头和尿道口滴出，混入精液的血液呈鲜红色。患病公羊即使不射精，勃起时也可能有血液滴出。病羊一般多有阴茎损伤病史。

【防治】 种公羊治疗原则应为停止配种，有外伤和感染者应清理伤口，用0.1%高锰酸钾溶液或生理盐水溶解青霉素、链霉素进行消毒、清洗，注射维生素 K_3 注射液。

参 考 文 献

[1] 卓玛. 羊的同期发情技术及影响因素分析 [J]. 当代畜牧，2017 (11)：32.

[2] 权凯，魏红芳. 羊同期发情技术研究进展 [J]. 中国草食动物科学，2015，35 (1)：54-55.

[3] 高文超. 山羊同期发情与超数排卵及其影响因素的研究 [D]. 杨凌：西北农林科技大学，2013.

[4] 张兴会，宋先忱，豆兴堂，等. 绒山羊不同季节同期发情处理效果分析 [J]. 中国草食动物，2011，31 (1)：33-35.

[5] 叶峰，史远虹，陈华，等. 非繁殖季节不同品种绵羊同期发情试验研究 [J]. 草食家畜，2010 (3)：45-47.

[6] 董俊，张力，何振富，等. 不同体况绵羊同期发情处理试验研究 [J]. 畜牧兽医杂志，2009，28 (6)：1-4.

[7] 李秋艳，阎凤祥，侯健，等. 不同因素对绵羊同期发情的影响 [J]. 畜牧与兽医，2008，40 (12)：48-50.

[8] 李海静，吕鑫，于杰，等. 发情鉴定方法的研究进展 [J]. 黑龙江畜牧兽医，2016 (13)：62-64.

[9] 金忠庆，王喜军，林春艳. 奶山羊发情鉴定技术 [J]. 中国畜禽种业，2010，6 (7)：56.

[10] 姜怀志. 母羊发情鉴定及配种时间 [N]. 吉林农村报，2018-01-26 (3).

[11] 李文泉. 家畜发情鉴定方法 [N]. 吉林农村报，2017-09-22 (B3).

[12] 桑润滋，张志胜，贾青，等. 营养和低温对母牛乏情的影响及其机制 [J]. 中国兽医学报，2001 (2)：184-187.

[13] 孙志峰，高跳梅. 浅述影响山羊发情的因素、山羊的最佳配种时间及受胎率 [J]. 中国养羊，1995 (2)：16-17.

[14] HURNIK J F. Sexual behaviour of female do mestic mammals [J]. Vet Clin North Am，1987 (3)：423-461.

[15] 张亮. 营养物质对绵羊繁殖的影响 [J]. 黑龙江动物繁殖，2013，21 (5)：20-21.

[16] 李永鹏. 根据乳汁孕酮水平进行奶山羊早期妊娠诊断的研究 [J]. 畜牧兽医学报，1984，15 (2)：18-25.

[17] 许欣. 湖羊早期妊娠诊断免疫胶体金层析试纸条的初步研制 [D]. 南京：南京农业大学，2010.

[18] 张慧茹，王爱华，马勇江，等. 应用猪 Ea 花环抑制试验测定山羊和牛 EPF 活性 [J]. 西北农业学报，2002，11 (1)：6-9.

[19] 张兴会，宋先忱，郭丹，等. 绒山羊早孕因子的活性检测及分离纯化 [J]. 现代畜牧兽医，2013 (11)：8-12.

[20] 蒋旭，李青竹，邱月红，等. 羊早孕诊断试纸条的研制 [J]. 畜禽业，2015 (8)：40-41.

[21] 王素梅，李武，马万雨. 绵、山羊早期妊娠诊断研究进展 [J]. 畜牧兽医科技信息，2004 (10)：10-11.

[22] 王应安，王海录，张寿，等. 用血清酸滴定法对绵羊进行早期妊娠诊断的研究 [J]. 中国养羊，1997 (4)：31-32.

[23] 王海录，李凤兰，石海章. 用血清酸滴定法对小尾寒羊进行早期妊娠诊断的研究 [J]. 黑龙江畜牧兽医，2008 (7)：46-47.

[24] 郑毛亮，李广，陶大勇，等. 用血清酸滴定法对 3 个品种绵羊进行早期妊娠诊断的研究 [J]. 安徽农业科学，2011，39 (8)：4708-4709.

[25] JONES A K，GATELY R E，MCFADDEN K K，et al. Transabdominal ultrasound for detection of pregnancy，fetal and placental landmarks，and fetal age before day 45 of gestation in the sheep [J]. Theriogenology，2016，85 (5)：939-945.

[26] AMER H A. Ultrasonographic assessment of early pregnancy diagnosis，fetometry and sex determination in goats [J]. Animal Reproduction Science，2010，117 (3-4)：226.

[27] 刁显辉，孟详人，何海娟，等. 羊超声波早期妊娠诊断技术的研究 [J]. 黑龙江农业科学，2011 (5)：55-56.

[28] 杨冬梅，李俊年，玛依拉，等. B 超妊娠诊断技术在转基因山羊生产中的应用 [J]. 中国草食动物，2005，25 (2)：29-30.

[29] 武和平，周占琴，付明哲，等. B 超仪用于山羊妊娠诊断的准确性和安全性评价 [J]. 中国农学通报，2005，21 (1)：24-25.

[30] 李福刚，高功奇，徐旭俊，等. B 型超声妊娠诊断技术在波尔山羊胚胎移植产业化中的应用 [J]. 河北畜牧兽医，2003，39 (8)：17-18.

[31] 朱化彬，石有龙，王志刚，等. 牛繁殖技能手册 [M]. 北京：中国农业出版社，2018.

[32] 张英杰，刘月琴，彭增起，等. 养羊手册 [M]. 北京：中国农业大学出版社，2004.
[33] 陈万选，陈爱云. 羊病快速诊治指南 [M]. 郑州：河南科学技术出版社，2014.
[34] 陈晓勇，敦伟涛，孙洪新，等. 怎样提高肉羊养殖效益 [M]. 北京：机械工业出版社，2020.
[35] 赵有璋，李发弟，李拥军，等. 中国养羊学 [M]. 北京：中国农业出版社，2013.